玉米的奇妙世界

冬　　至◎编著

哈尔滨工程大学出版社
Harbin Engineering University Press

扫码可听
《玉米的奇妙世界》
广播剧

图书在版编目（CIP）数据

玉米的奇妙世界 / 冬至编著． — 哈尔滨 ：哈尔滨
工程大学出版社，2021.1
（"奇妙世界"系列丛书）
ISBN 978-7-5661-2910-9

Ⅰ．①玉… Ⅱ．①冬… Ⅲ．①玉米—儿童读物 Ⅳ．
① S513-49

中国版本图书馆 CIP 数据核字（2021）第 023833 号

玉米的奇妙世界
YUMI DE QIMIAO SHIJIE

选题策划 田 婧
责任编辑 丁月华
插画设计 杜 欣
封面设计 李海波

出版发行	哈尔滨工程大学出版社
社　　址	哈尔滨市南岗区南通大街 145 号
邮政编码	150001
发行电话	0451-82519328
传　　真	0451-82519699
经　　销	新华书店
印　　刷	吉林省吉广国际广告股份有限公司
开　　本	787 mm×960 mm　1/16
印　　张	4.75
字　　数	35 千字
版　　次	2021 年 1 月第 1 版
印　　次	2021 年 1 月第 1 次印刷
定　　价	99.80 元（全三本）

http://www.hrbeupress.com
E-mail:heupress@hrbeu.edu.cn

俗语形容黑土地营养丰富，"一两土能榨出二两油"，这就是二两油名字的由来。

科普担当

想象担当

二两油：机器人，博士爷爷的助手，负责解答小朋友的所有疑问。

蓝豆：女孩，5岁，幼儿园中班小朋友。

问题担当

状况担当

小奕：男孩，8岁，小学二年级学生。

天天：男孩，7岁，小学一年级学生。

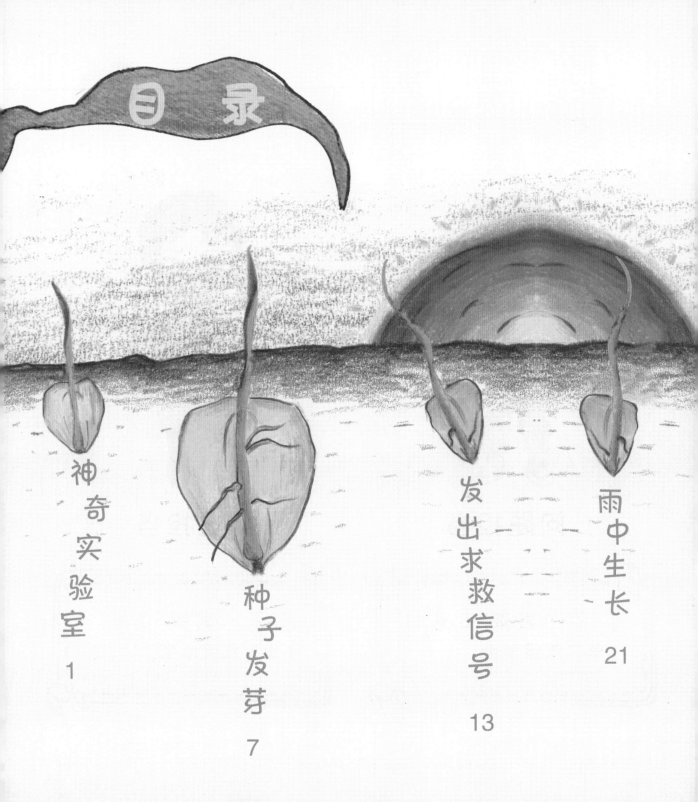

目 录

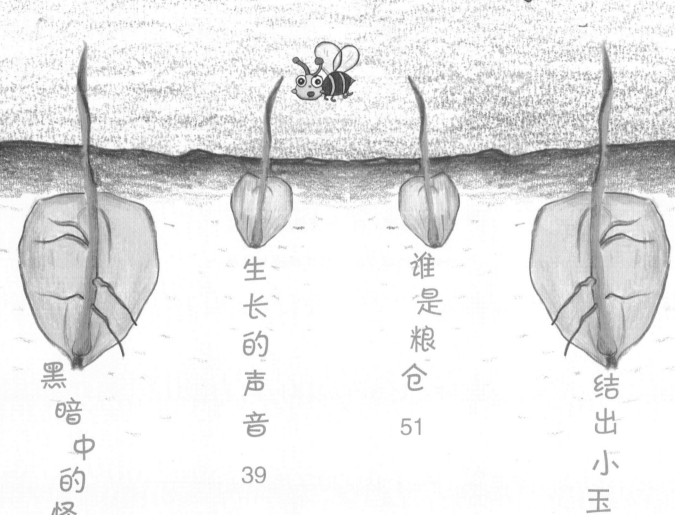

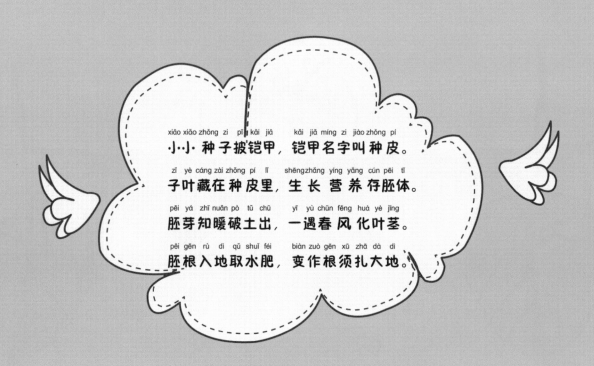

xiǎo xiǎo zhǒng zi pī kǎi jiǎ　　kǎi jiǎ míng zi jiào zhǒng pí
小小 种子披铠甲，铠甲名字叫种皮。

zǐ yè cáng zài zhǒng pí lǐ　　shēng zhǎng yíng yǎng cún pēi tǐ
子叶藏在种皮里，生长 营养存胚体。

pēi yá zhī nuǎn pò tǔ chū　　yī yù chūn fēng huà yè jīng
胚芽知暖破土出，一遇春 风 化叶茎。

pēi gēn rù dì qǔ shuǐ féi　　biàn zuò gēn xū zhā dà dì
胚根入地取水肥，变作根须扎大地。

神奇实验室

玉米的奇妙世界

"噼噼啪啪"！妈妈端着刚做好的爆米花走向一脸期待的天天和小奕。"好香的爆米花啊，是用什么做的？"小奕边吃边问道。"是用玉米做的啊！"妈妈回答，"玉米还可以做很多好吃的呢，比如做面包、蛋卷，还可以做松仁玉米和玉米浓汤。"

蓝豆展开了想象："哇！想想就流口水了。玉米也像果子一样结在树上吗？""不是的，孩子们。"妈妈说，"还记得博士爷爷吗，他可以告诉你们答案，我们给他打个电话吧！"

"你们想了解玉米吗？你们要的答案都在我的实验室里！"博士爷爷在电话里说。

小朋友们都认识玉米吧，你们知道还有哪些美食是玉米做的呢？我国明朝以前的人是没见过玉米的，想知道它是怎么传入中国的吗？扫描二维码听听吧！

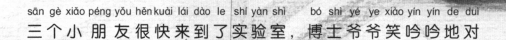

三个小朋友很快来到了实验室，博士爷爷笑吟吟地对

小朋友们说："欢迎来到我的实验室，这

是我的朋友，机器人二两油。他会用高

强度的电磁波扫描你们的大脑，提取

脑电波，再与仿生植物建立链接，你

们就会感觉自己变成了玉米种子，去

探秘它的　　　　　　成长过程。"

“整个体验过程会在大屏幕上播放。小朋友们，你们想体验吗？”二两油补充道。三个小朋友争先恐后地举起手来，大声说：“我们要体验，要体验！”二两油说：“好的，在体验过程中我会一直陪伴大家，有问题可以随时问我。”

5

博士爷爷解释道："玉米种子从发芽到结出玉米大概需要四个月的时间。为了让你们体验整个过程，我设定了时间快进功能，一个小时左右就可以完成探秘之旅。"

"大家跟我来吧！"二两油说。

种子发芽

玉米的奇妙世界

"咦？这是哪里啊！好黑啊！还有东西压着我，动不了了！"小朋友们惊慌失措。这时头顶传来了二两油的声音："是我启动了体验程序，现在你们已经是被埋在土里的种子宝宝了。玉米种子埋得很浅，只有一个指关节的深度。你们吸足水分，很快就可以破土而出了。"

9

nà wǒ jiù fàng xīn le　　lán dòu shuō　　hǎo kě a　　zhè lǐ yǒu hǎo duō shuǐ

"那我就放心了。"蓝豆说，"好渴啊，这里有好多水，

wǒ men kuài hē ba　　tiān tiān měng hē le jǐ kǒu yǐ hòu shuō　　wǒ dù zi yào bào zhà

我们快喝吧！"天天猛喝了几口以后说："我肚子要爆炸

le　hē bú xià le　　xiǎo yì jīng hū dào　　kuài kàn　wǒ zhǎng chū le yì tiáo bái sè de

了！喝不下了"。小奕惊呼道："快看，我长出了一条白色的

wěi ba

尾巴！"

zhè shì zhǒng zi wèi le xī shōu yǎng fèn zhǎng chū de gēn yì bān yù mǐ zhǒng zi
"这是 种 子为了吸 收 养 分 长 出的根。一般玉米 种 子

bō zhǒng hòu tiān kāi shǐ méng dòng tiān zuǒ yòu fā yá yīn wèi qǐ dòng le kuài jìn
播 种 后 3 ~ 5 天开始 萌 动，7 天左右发芽。因为启 动 了快进

chéng xù suǒ yǐ yí huìr nǐ men jiù huì gǎn shòu dào yì gǔ qiáng dà de xiàng shàng shēng
程 序，所以一会儿你们就会感 受 到一股 强 大的 向 上 生

zhǎng de lì liàng nà jiù shì nǐ men yào fā yá le èr liǎng yóu jiě shì dào
长 的力 量，那就是你 们要发芽了。"二 两 油解释道。

11

ā　　hǎo cì yǎn a　　　 sān kē nèn lǜ de xiǎo miáo cóng tǔ　lǐ zuān le chū lái
"啊！好刺眼啊！"三棵嫩绿的小苗从土里钻了出来。

zài nuǎn yáng yáng de yáng guāng zhào shè xià　　xiǎo yù mǐ miáo suí fēng qǐ wǔ　　hǎo bù qiè
在暖洋洋的阳光照射下，小玉米苗随风起舞，好不惬

yì　 èr liǎng yóu shuō　　yí lì gān bā bā de xiǎo zhǒng zi　　zhǐ yào gěi tā yì diǎn
意。二两油说："一粒干巴巴的小种子，只要给它一点

shuǐ hé tǔ jiù kě yǐ shēng gēn fā yá　　zhí wù de shēng mìng lì hěn qiáng
水和土就可以生根发芽，植物的生命力很强

dà ba
大吧！"

发出求救信号

玉米的奇妙世界

méi guò duō jiǔ　　xiǎo miáo men dōu shū zhǎn kāi le liǎng piàn nèn lǜ de yè zi　　hǎo téng a
没过多久，小苗们都舒展开了两片嫩绿的叶子。"好疼啊，

hǎo xiàng yǒu dōng xi zài yǎo wǒ　　tiān tiān dà jiào le qǐ lái　　zhǐ jiàn tiān tiān de yè zi shang pā zhe
好像有东西在咬我！"天天大叫了起来。只见天天的叶子上趴着

jǐ zhǐ dàn lǜ sè de　　zhǐ yǒu zhēn jiān dà de xiǎo chóng zi　　lán dòu kàn dào
几只淡绿色的、只有针尖大的小虫子。蓝豆看到

xiǎo chóng zi yě kāi shǐ sè sè fā dǒu　　zhè jiù shì hài chóng
小虫子也开始瑟瑟发抖："这就是害虫

ba　　wǒ men xiàn zài yě pǎo bù liǎo　　nán dào
吧，我们现在也跑不了，难道

jiù děng zhe tā yǎo wǒ men ma
就等着它咬我们吗？"

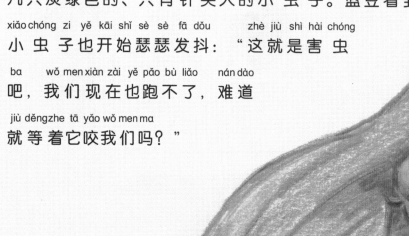

 小朋友们，你们听说过蚜虫吗？它对农作物有哪些危害？扫描二维码了解一下吧！

14

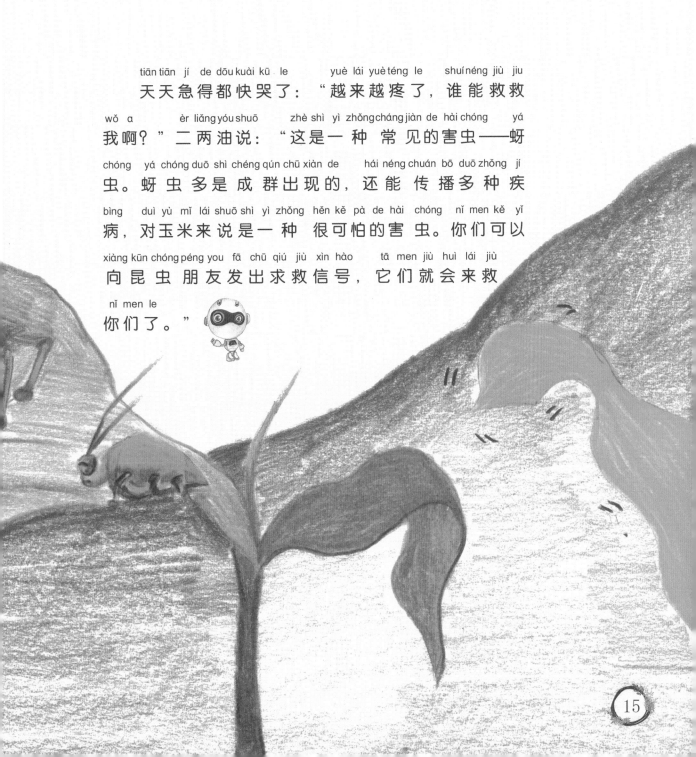

tiān tiān jí de dōu kuài kū le　　　yuè lái yuè téng le　　shuí néng jiù jiu
天天急得都快哭了："越来越疼了，谁能救救

wǒ a　　　ér liǎng yóu shuō　　zhè shì yì zhǒng cháng jiàn de hài chóng　　yá
我啊？"二两油说："这是一种 常见的害虫——蚜

chóng　　yá chóng duō shì chéng qún chū xiàn de　　hái néng chuán bō duō zhǒng jí
虫。蚜虫多是成群出现的，还能传播多种疾

bìng　　duì yù mǐ lái shuō shì yì zhǒng hěn kě pà de hài chóng　nǐ men kě yǐ
病，对玉米来说是一种 很可怕的害虫。你们可以

xiàng kūn chóng péng you fā chū qiú jiù xìn hào　　tā men jiù huì lái jiù
向昆虫朋友发出求救信号，它们就会来救

nǐ men le
你们了。"

<ruby>小<rt>xiǎo</rt></ruby> <ruby>朋<rt>péng</rt></ruby> <ruby>友<rt>yǒu</rt></ruby> <ruby>们<rt>men</rt></ruby> <ruby>听<rt>tīng</rt></ruby> <ruby>到<rt>dào</rt></ruby> <ruby>后<rt>hòu</rt></ruby> <ruby>赶<rt>gǎn</rt></ruby> <ruby>紧<rt>jǐn</rt></ruby> <ruby>拼<rt>pīn</rt></ruby> <ruby>命<rt>mìng</rt></ruby> <ruby>地<rt>de</rt></ruby> <ruby>挥<rt>huī</rt></ruby> <ruby>舞<rt>wǔ</rt></ruby> <ruby>自<rt>zì</rt></ruby> <ruby>己<rt>jǐ</rt></ruby> <ruby>的<rt>de</rt></ruby> <ruby>小<rt>xiǎo</rt></ruby> <ruby>叶<rt>yè</rt></ruby> <ruby>子<rt>zi</rt></ruby>，

<ruby>齐<rt>qí</rt></ruby> <ruby>声<rt>shēng</rt></ruby> <ruby>大<rt>dà</rt></ruby> <ruby>喊<rt>hǎn</rt></ruby>：" <ruby>救<rt>jiù</rt></ruby> <ruby>命<rt>mìng</rt></ruby> <ruby>啊<rt>a</rt></ruby>！ <ruby>救<rt>jiù</rt></ruby> <ruby>命<rt>mìng</rt></ruby> <ruby>啊<rt>a</rt></ruby>！ <ruby>昆<rt>kūn</rt></ruby> <ruby>虫<rt>chóng</rt></ruby> <ruby>朋<rt>péng</rt></ruby> <ruby>友<rt>you</rt></ruby> <ruby>快<rt>kuài</rt></ruby> <ruby>来<rt>lái</rt></ruby> <ruby>救<rt>jiù</rt></ruby> <ruby>我<rt>wǒ</rt></ruby>

<ruby>们<rt>men</rt></ruby> <ruby>啊<rt>a</rt></ruby>！"

 小朋友们，植物真的能发出求救信号吗？扫描二维码听听吧！想象一下，植物会发出什么样的信号呢，请你画一画吧！

一只红色的，背上带着七颗黑点儿的小虫子嗡嗡嗡
地飞了过来，落在了天天的叶子上。蚜虫们吓得赶紧逃，有的
一着急翻了个大跟头，还有的一不小心滚到了地上，摔了
个四脚朝天。

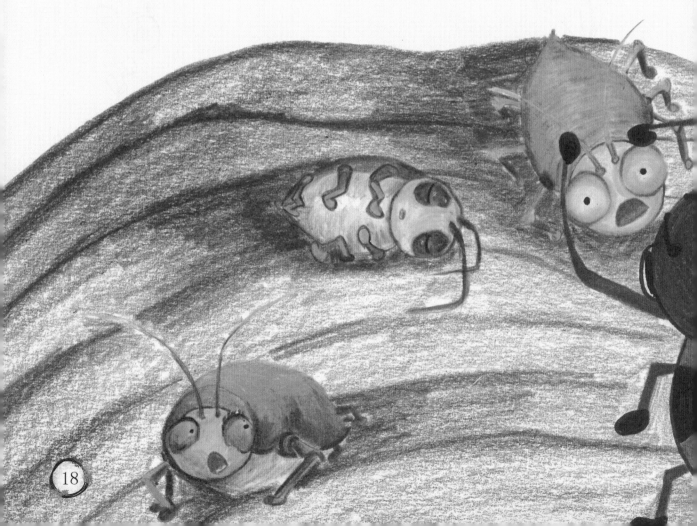

二两油说：“这是蚜虫的天敌七星瓢虫。通常只要有蚜虫的地方都会有它出现，它就是你们呼叫来的昆虫朋友。”七星瓢虫毫不犹豫地冲上前，用两只前腿按住蚜虫，一口就吃掉了一只。剩下的蚜虫也被它"啊呜、啊呜"几口就消灭干净了。

tiān tiān cháng chū le yì kǒu qì　　tài hǎo le　gāng gāng wǒ bèi yá chóng yǎo guò de dì

天天 长 出了一口气："太好了，刚刚我被蚜 虫 咬过的地

fang dōu yǒu yí gè xiǎo hēi diǎnr le　xìng hǎo qī xīng piáo chóng jí shí chū xiàn　wǒ de wēi jī

方都有一个小黑点儿了，幸好七星瓢 虫 及时出现，我的危机

jiě chú le　　qī xīng piáo chóng xiè xie nǐ　　qī xīng piáo chóng chī wán le yá chóng dà cān

解除了。七星瓢虫，谢谢你！"七星瓢 虫 吃完了蚜 虫 大餐，

dǒu le dǒu zì jǐ de liù tiáo tuǐ　huī hui chì bǎng xīn mǎn yì zú de fēi zǒu le

抖了抖自己的六条腿，挥挥翅 膀 心满意足地飞走了。

？小·朋友请你们想一想七星瓢虫的名字是根据什么取的
呢？所有的瓢虫都是益虫吗？扫描二维码你就知道了！

雨中生长

玉米的奇妙世界

lán dòu tí yì shuō wǒ men lái bǐ sài ba kàn shuí zhǎng de kuài
蓝豆提议说："我们来比赛吧，看谁长得快！"

xiǎo yì shuō wǒ dōu zhǎng le lái piàn yè zi le
小奕说："我都长了10来片叶子了！"

tiān tiān hǎn de zuì dà shēng wǒ zhǎng de yǒu xiǎo tuǐ nà me gāo le kàn lái hái
天天喊得最大声："我长得有小腿那么高了，看来还
shì wǒ zhǎng de zuì kuài
是我长得最快！"

èr liǎng yóu jiě shì dào xiàn zài shí jiān yǐ jīng xiāng dāng yú guò le yí gè yuè
二两油解释道："现在时间已经相当于过了一个月
le yù mǐ yí gè yuè néng zhǎng lí mǐ jiē xià lái jiù dào nǐ men
了，玉米一个月能长30～50厘米。接下来就到你们
de bá jié qī le huì xū yào dà liàng de shuǐ fèn
的拔节期了，会需要大量的水分。"

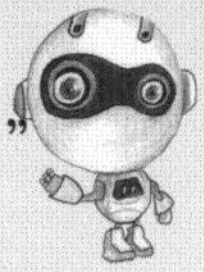

^{xiǎo yì hào qí de wèn} ^{shén me shì bá jié a} ^{èr}
小奕好奇地问：“什么是拔节啊？”二

^{liǎng yóu shuō} ^{qǐng kàn wǒ de xiǎo hēi bǎn} ^{jīng shang yuán quān}
两油说：“请看我的小黑板！茎上圆圈

^{xíng de tū qǐ jiù shì zhí wù de jié} ^{bá jié jiù shì chāo guò zhè ge}
形的突起就是植物的节，拔节就是超过这个

^{jié zài jì xù zhǎng} ^{bá jié qī shì zhí wù zhǎng gāo de guān jiàn}
节再继续长。拔节期是植物长高的关键

^{shí qī} ^{nǐ men xū yào jǐ cì bá jié cái néng zhǎng chéng}
时期，你们需要几次拔节才能长成。”

小朋友们，好多植物都有节，请你们观察一下周围的植物，告诉我它有几个节！

24

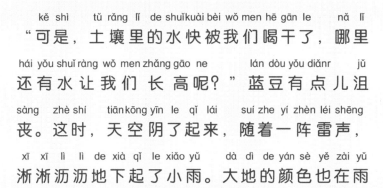

"可是，土壤里的水快被我们喝干了，哪里还有水让我们长高呢？"蓝豆有点儿沮丧。这时，天空阴了起来，随着一阵雷声，淅淅沥沥地下起了小雨。大地的颜色也在雨水的浇灌下变深了，连土里的蚯蚓都开心地露出头来。

25

xiǎo miáo men dōu gāo xìng de hē qǐ shuǐ lái　　yè piàn yě suí fēng yáo bǎi　　tiān tiān shuō

小苗们都高兴地喝起水来，叶片也随风摇摆。天天说：

zhè zhēn shì yì cháng jí shí yǔ a　　wǒ men xiàn zài jiù xiàng kǒu kě de shí hou hē le yí dà

"这真是一场及时雨啊！我们现在就像口渴的时候喝了一大

bēi bīng liáng liáng de shuǐ　　zhēn shì tài shū fu le　　lián yè piàn dōu gèng lǜ le

杯冰凉凉的水，真是太舒服了，连叶片都更绿了。"

黑暗中的怪物

玉米的奇妙世界

时间飞快，转眼间到了晚上。夜空中繁星点点，偶尔能听见几声虫鸣。小朋友们正享受着静谧的夜晚，却不知危险已经逼近。一只身上带着白色条纹的绿虫子在夜幕的掩护下正向他们爬来。它爬得很慢，有时还会跌倒，滚做一团。随着虫子的前进，危机已经到来。

小奕仿佛感受到了空气中的紧张气氛，不安地向四周张望，忽然发现大虫子已经爬到了自己的脚下，吓了一大跳，"二两油快来啊，我脚边有个大怪物！"二两油说："这是贪夜蛾的幼虫。贪夜蛾是一种分布非常广泛的害虫，善于装死。夜晚是它们的进食时间。"

小朋友们，贪夜蛾和它的幼虫有怎样的生活习性？它们如何危害农作物呢？扫描二维码听听吧！

tiān tiān jīng kǒng dào　　　tā yào chī diào wǒ men ma　dōu pá dào wǒ
天天惊恐道："它要吃掉我们吗？都爬到我
men jiǎo xià le　　wǒ xiàn zài lián tuǐ dōu méi yǒu　xiǎng pǎo dōu pǎo bù liǎo
们脚下了，我现在连腿都没有，想跑都跑不了。"

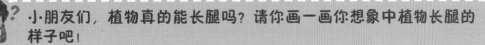

小朋友们，植物真的能长腿吗？请你画一画你想象中植物长腿的样子吧！

31

bié jí   wǒ yǐ jīng kàn dào tān yè é de tiān dí lái jiù nǐ men le   èr liǎng yóu
"别急，我已经看到贪夜蛾的天敌来救你们了。"二两油

shuō   zhè shí zhǐ jiàn sān zhī huī sè de xiàng dùn pái yí yàng de xiǎo chóng zi jiāng zhè zhī dà guài
说。这时只见三只灰色的像盾牌一样的小虫子将这只大怪

wu tuán tuán wéi zhù   bǎ zuǐ chā jìn tā de shēn tǐ lǐ xī le qǐ lái   dà guài wu yì kāi shǐ
物团团围住，把嘴插进它的身体里吸了起来。大怪物一开始

hái niǔ dòng   zhēng zhá   kě yí huìr   jiù bú dòng le
还扭动   挣扎，可一会儿就不动了。

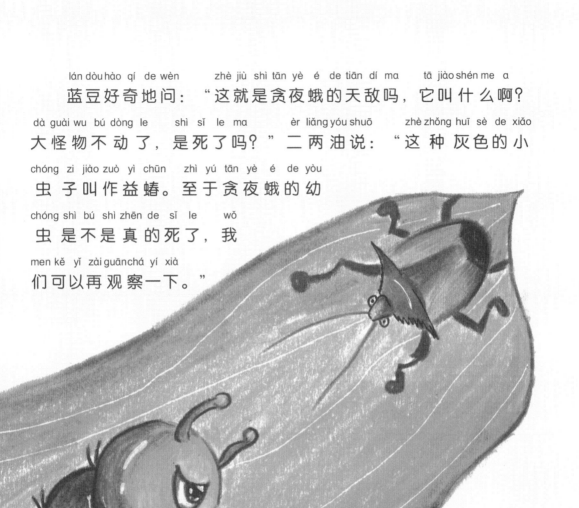

蓝豆好奇地问："这就是贪夜蛾的天敌吗，它叫什么啊？大怪物不动了，是死了吗？"二两油说："这种灰色的小虫子叫作益蝽。至于贪夜蛾的幼虫是不是真的死了，我们可以再观察一下。"

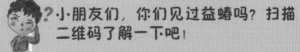

?·小朋友们，你们见过益蝽吗？扫描二维码了解一下·吧！

33

此时已经不动的大怪物随着益蟒的进攻又开始剧烈地扭动起来。它把身体蜷成一个圆环，将其中一只益蟒缠了进去。其他几只益蟒看到同伴有危险，展开了更加猛烈的进攻。

它们其中一只猛咬大怪物的头，另外一只对准了它身体中间一顿猛吸。怪物一开始还能把身体紧紧地蜷起来，但一会儿就慢慢地松开了。被它缠住的那只益蜻一下从里面蹦了出来，三只益蜻开始一起对着怪物发起进攻。随着一阵吮吸的声音，大怪物的身体逐渐瘪了，再也不动了。

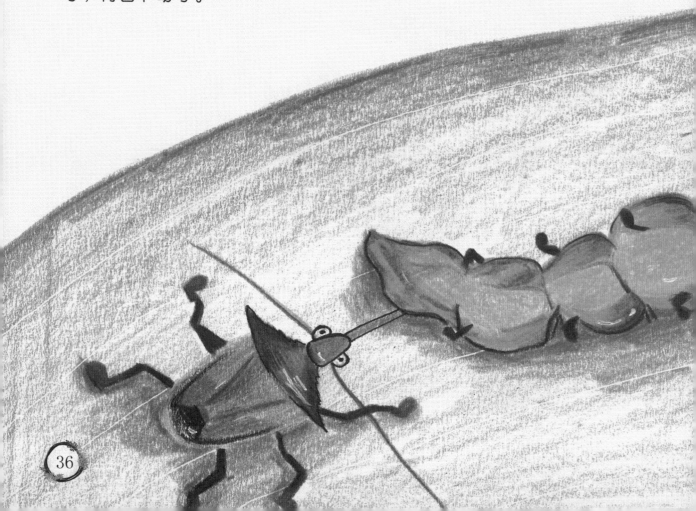

^{xiǎo yì shuō} ^{zhè cháng chóng chóng dà zhàn kě zhēn jīng cǎi a} ^{kàn lái tān yè é de yòu chóng hái}
小奕说："这场 虫 虫 大战可真精彩啊，看来贪夜蛾的幼虫还

^{zhēn de huì zhuāng sǐ} ^{xìng hǎo yì chūn méi yǒu bèi tā mí huò} ^{gāng cái zhēn jīng xiǎn} ^{yǒu yì zhī yì chūn dōu}
真的会 装 死，幸好益蝽没有被它迷惑。刚才真惊险，有一只益蝽都

^{bèi chán zài lǐ miàn le} ^{hái hǎo yǒu tóng bàn jiù tā} ^{tuán duì hé zuò lì liàng guǒ}
被缠在里面了，还好有同伴救它，团队合作力量果

^{rán qiáng dà}
然强大！"

小朋友们，贪夜蛾真的死了吗？你们见过昆虫装死吗？扫描二维码了解一下吧！

37

生长的声音

玉米的奇妙世界

zhuǎn yǎn shèng xià dào le　　tiān qì biàn de yán rè qǐ lái　　bèi yáng guāng shài le　yì tiān de
转眼 盛 夏到了，天气变得炎热起来。被阳 光 晒了一天的

xiǎo jiā huo hǎo bù róng yì　ái dào le　bàng wǎn　　suí zhe zhèn zhèn wēi fēng　kōng qì zhōng　zhōng yú
小家伙好不容易挨到了傍晚，随着阵阵微风，空气中　终于

yǒu le　yì sī liáng yì　tiān tiān shū fu de shēn le　gè lǎn yāo　　gē bā gē bā　　tiān tiān dùn
有了一丝凉意。天天舒服地伸了个懒腰，"咯吧咯吧"，天天顿

shí jiāng zhù le　　shén me shēng yīn　shì wǒ fā chū lái de ma　wǒ zěn me le
时 僵 住了："什么 声音？是我发出来的吗？我怎么了？"

蓝豆看了看他："你看起来好好的啊，应该没事吧。欸，你好像长高了一点儿，1，2，3，4，你身上的节好像也多了一个！"二两油说："这是你们生长的声音。民间有句俗语'七月雨大，玉米咯吧'，就是形容这种声音的。"

二两油继续说：“寂静的夜里，在大片的玉米地里也可以听到这种声音，这是成千上万个细胞快速分裂产生的。你们现在已经很高了，再过一会儿能长得比一个大人还要高呢。你们很快就可以进入下一个生长阶段，抽穗和开花了。”

小朋友们，你们听过玉米生长的声音吗？扫扫二维码，就能听到哦。

wǒ men yě kāi huā a　　　　　xiǎo yì xīng fèn de wèn　　　　　kě shén me shì chōu suì ne
"我们也开花啊？" 小奕兴奋地问，"可什么是抽穗呢？"

èr liǎng yóu shuō　　　　　yù mǐ shì cí xióng tóng zhū de zhí wù　　　　　zuì xiān chōu chū de shì xióng suì
二两油说："玉米是雌雄同株的植物，最先抽出的是雄穗，

xióng suì chōu chū de guò chéng shì chōu xióng　xióng suì yì zhí zhǎng zài nǐ men de tóu dǐng　kāi chū de
雄穗抽出的过程是抽雄。雄穗一直长在你们的头顶，开出的

huā jiù shì xióng huā
花就是雄花。"

43

"玉米的雌花长在茎上，长长的'胡须'是雌花伸出的花柱。"二两油继续说，"雌花有很多很多，如果想知道到底有多少朵，可以数数结出的玉米有多少个玉米粒儿，一粒儿玉米就是一朵雌花发育成的。"

小朋友们，你们猜猜玉米到底有多少朵雌花呢，找一穗玉米数一数吧，看看谁猜得比较接近！答案就藏在二维码里。

二两油解释的时候，这三棵小玉米都已经完成了抽雄，小朋友们高兴得手舞足蹈，他们叽叽喳喳地说："看我们都长出雄穗了，这个穗好像一个美丽的王冠啊，我现在是国王了！""我才是国王，你是王子。""我才不是王子，你才是王子。""不行，我要当国王！"

在小朋友们的笑闹中，他们头上的雄穗
开了花，一"粒粒"金黄色的花悬挂在颖壳
下。他们更高兴了："我开花了，我的花最漂
亮！"这时传来一阵嗡嗡嗡的声音，一群
蜜蜂挥舞着小翅膀飞了过来。它们跳着自己独
有的"8字舞"呼朋引伴地来采蜜。它们纷纷停
在小花上，小细腿不停抖动，高兴地采着花蜜。

小朋友们，你们见过蜜蜂采蜜吗？请你画一下蜜蜂采蜜的场景吧！

èr liǎng yóu shuō　　zhè shì kūn chóng zài shòu
二两油说："这是昆虫在授

fěn　　shòu fěn jiù shì bǎ xióng huā de huā fěn dài dào cí huā shang
粉。授粉就是把雄花的花粉带到雌花上，

zhí wù zhǐ yǒu shòu guò fěn cái néng jiē chū guǒ shí　　mì fēng　　hú dié hái
植物只有授过粉才能结出果实。蜜蜂、蝴蝶还

yǒu yì xiē é lèi dōu kě yǐ gěi yù mǐ shòu fěn　　tā men zài cǎi mì de guò
有一些蛾类都可以给玉米授粉。它们在采蜜的过

chéng zhōng　　jiù bǎ huā fěn dài guò qù le　　chú le kūn chóng fēng de zuò
程中，就把花粉带过去了。除了昆虫，风的作

yòng yě hěn dà　　zài zhèn zhèn wēi fēng zhōng　　huā fěn jiù huì
用也很大，在阵阵微风中，花粉就会

piāo dào huā sī shang
飘到花丝上。"

蜜蜂们很快聚集了一大群，它们一会儿飞到雄花上，一会儿飞到花丝上，开心得不得了。小奕看着忙碌的小蜜蜂高兴地说："小蜜蜂，我的花蜜新鲜吧，你快多带点儿，我结小玉米就靠你了！"

谁是粮仓

玉米的奇妙世界

三个小家伙在经历了阳光雨露、危险挫折后，更加茁壮地生长着。蓝豆忽然感到身上好痒："谁在搔我的痒呀？"天天看了看蓝豆，赶紧说："是一条白色的肉虫子爬到你身上了，这不会又是什么害虫吧！"

^{èr liǎng yóu shuō} ^{zhè shì yù mǐ míng} ^{yòu jiào yù mǐ zuān xīn chóng} ^{tā yào zuān dào nǐ de}
二两油说："这是玉米螟，又叫玉米钻心虫。它要钻到你的

^{guǒ suì li} ^{duǒ zài lǐ miàn chī nǐ de xiǎo yù mǐ} ^{zhè yàng nǐ de yù mǐ yì biān zhǎng} ^{tā yì biān}
果穗里，躲在里面吃你的小玉米。这样你的玉米一边长，它一边

^{chī} ^{xiǎo yù mǐ jiù chéng wéi tā de liáng cāng le} ^{děng tā fā yù chéng shú le} ^{biàn chéng yǒng hái}
吃，小玉米就成为它的粮仓了。等它发育成熟了，变成蛹还

^{kě yǐ duǒ zài lǐ} ^{miàn fū huà xià yí dài}
可以躲在里 面孵化下一代。"

蓝豆一听，吓得大叫："哎呀，那可不能 让它钻进来，否则我的小玉米就被它吃 光了，不就前 功尽弃了！看来我们又要呼叫昆 虫 朋 友了！"

54

这时只见一只黑眼睛的小虫子飞到了玉米螟的身上，用它大颚上弯弯的钳子夹住了玉米螟后颈上的皮，屁股不停地扭来扭去，不让挣扎的玉米螟碰到它。最后小虫子翘起腹部，用尾巴上的针在玉米螟身上刺了几下，然后就飞走了。

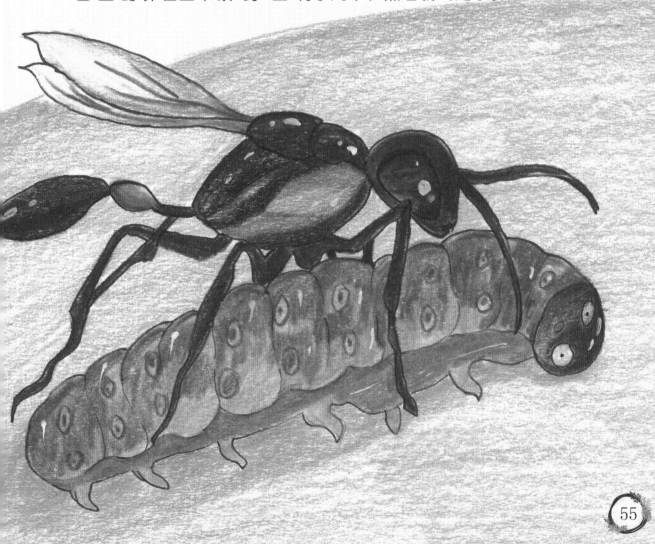

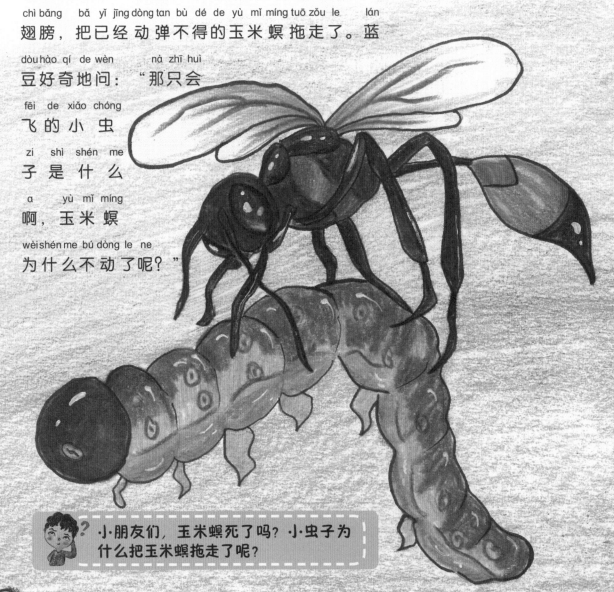

guò le yí huìr　　xiǎo chóng zi yòu fēi le huí lái　　yù mǐ míng què zhǐ shèng xià tóu hái néng
过了一会儿，小虫子又飞了回来，玉米螟却只剩下头还能

miǎn qiǎng dòng yí xià　shēn tǐ de qí tā bù fen dōu jiāng zhí le　xiǎo chóng zi fèn lì de shān dòng
勉强动一下，身体的其他部分都僵直了。小虫子奋力地扇动

chì bǎng　bǎ yǐ jīng dòng tan bù dé de yù mǐ míng tuō zǒu le　lán
翅膀，把已经动弹不得的玉米螟拖走了。蓝

dòu hào qí de wèn　　nà zhī huì
豆好奇地问："那只会

fēi de xiǎo chóng
飞的小虫

zi shì shén me
子是什么

a　　yù mǐ míng
啊，玉米螟

wèi shén me bú dòng le ne
为什么不动了呢？"

·小·朋友们，玉米螟死了吗？·小·虫子为
什么把玉米螟拖走了呢？

56

二两油解释道：“这只黑眼睛的虫子叫作姬蜂，是一种寄生蜂。寄生蜂都是昆虫界的手术专家。刚才姬蜂把尾巴插在玉米螟身上，就是注入麻醉剂，麻醉玉米螟，让它动不了。然后把它拖走，放在自己挖好的洞里，在它身上产卵。过一段时间卵就会在玉米螟身上孵化。

小朋友们，这个小小的蛔蜂为什么让玉米螟这么害怕呢？自己找找答案吧！

蓝豆感慨地说："大自然的食物链真神奇，我们没有成为玉米螟的粮仓，但是玉米螟却成为了姬蜂的粮仓。"二两油说："这就是大自然的生存法则，既需要和谐共生，也需要残酷竞争。寄生蜂的生殖方式看起来很残酷，但它可以把玉米螟消灭在幼虫阶段。这种生物手段，现在已经被广泛地应用于玉米螟的防治了。"

结出小玉米

玉米的奇妙世界

dī dī dā dā　　suí zhe shí jiān de liú shì

嘀嘀嗒嗒，随着时间的流逝，

xiǎo péng yǒu men de　tǐ yàn jiē jìn wěi shēng　tā men jīng lì

小朋友们的体验接近尾声。它们经历

le　yù mǐ de yòu miáo qī　　bá jié qī　　chōu suì kāi huā qī

了玉米的幼苗期、拔节期、抽穗开花期，

dào le　jiē guǒ shí de shí hou le　　xiǎo yù mǐ yǐ jīng zài guǒ suì

到了结果实的时候了。小玉米已经在果穗

zhōng yùn yù chéng zhǎng　　hú xū　　yě suí zhe xiǎo yù

中孕育成长，"胡须"也随着小玉

mǐ de zhǎng dà biàn de gèng cháng le

米的长大变得更长了。

63

tā men　　hú xū　　de yán sè hái bù yí yàng xiǎo yì shì hóng sè de　　tiān tiān shì huáng

他们"胡须"的颜色还不一样：小奕是红色的，天天是黄

sè de　　lán dòu shì hè sè de

色的，蓝豆是褐色的。

èr liǎng yóu xì xīn de bǎ sān gè xiǎo jiā huo de　　hú xū　biān chéng le hǎo kàn de biàn

二两油细心地把三个小家伙的"胡须"编成了好看的辫

zi　　tā men dùn shí jué de zì jǐ biàn chéng le piào liang de xiǎo gū niang　gāo xìng de wǔ dòng zhe

子，他们顿时觉得自己变成了漂亮的小姑娘，高兴地舞动着

yè zi

叶子。

 ·小朋友们，请你画一画，你想象中刚长出来的小·玉米是什么样子呢？你会给玉米编什么样的辫子呢？

玉米成熟后，小朋友们也与仿生植物断开了链接。小奕看着农民伯伯采摘玉米感慨地说："玉米的成长可真不容易啊，经过了那么长时间，躲过了那么多危机，最后就结出一两穗玉米。真的是谁知盘中餐，粒粒皆辛苦！""我们现在对玉米的了解绝对是专家级别的，去参加知识竞赛我一定能拿第一名！"天天胸有成竹地说。

广播剧配音演员表

旁　　　白：葛　雪
二　两　油：郝一冉
小　　　奕：荣　奕
天　　　天：梁克迪
蓝　　　豆：孙诺奇
博士爷爷：薛　力
妈　　　妈：田　婧

语音制作

张　曦

水稻的奇妙世界

冬　至◎编著

哈尔滨工程大学出版社
Harbin Engineering University Press

图书在版编目（CIP）数据

水稻的奇妙世界 / 冬至编著 . —哈尔滨 : 哈尔滨
工程大学出版社 , 2021.1
（"奇妙世界"系列丛书）
ISBN 978-7-5661-2910-9

Ⅰ.①水… Ⅱ.①冬… Ⅲ.①水稻—儿童读物 Ⅳ.
① S511-49

中国版本图书馆 CIP 数据核字 (2021) 第 025693 号

水稻的奇妙世界
SHUIDAO DE QIMIAO SHIJIE

选题策划　田　婧
责任编辑　丁月华
插画设计　杜　欣
封面设计　李海波

出版发行　哈尔滨工程大学出版社
社　　址　哈尔滨市南岗区南通大街 145 号
邮政编码　150001
发行电话　0451-82519328
传　　真　0451-82519699
经　　销　新华书店
印　　刷　吉林省吉广国际广告股份有限公司
开　　本　787 mm×960 mm　1/16
印　　张　4.5
字　　数　33 千字
版　　次　2021 年 1 月第 1 版
印　　次　2021 年 1 月第 1 次印刷
定　　价　99.80 元（全三本）
http://www.hrbeupress.com
E-mail:heupress@hrbeu.edu.cn

编 委 会

（按姓氏笔画排序）

俗语形容黑土地营养丰富，"一两土能榨出二两油"，这就是二两油名字的由来。

科普担当

想象担当

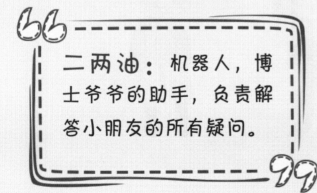

二两油：机器人，博士爷爷的助手，负责解答小朋友的所有疑问。

蓝豆：女孩，5岁，幼儿园中班小朋友。

问题担当

状况担当

小奕：男孩，8岁，小学二年级学生。

天天：男孩，7岁，小学一年级学生。

目　录

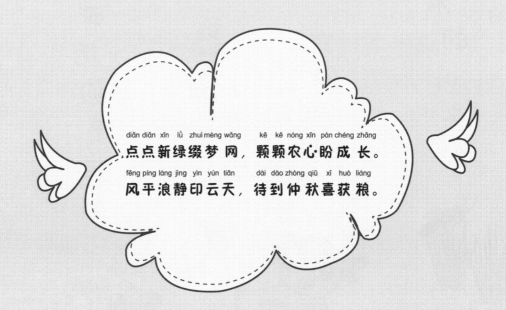

diǎn diǎn xīn lǜ zhuì mèng wǎng　kē kē nóng xīn pàn chéng zhǎng
点点新绿缀梦网，颗颗农心盼成长。

fēng píng làng jìng yìn yún tiān　dài dào zhòng qiū xǐ huò liáng
风平浪静印云天，待到仲秋喜获粮。

知识竞赛

水稻的奇妙世界

dì yī tí　　wǒ guó liáng shi chǎn liàng pái míng qián sān de shì nǎ jǐ ge shěng fèn
第一题：我国 粮食产 量排名 前 三的是哪几个 省 份?

dì èr tí　　nǎ zhǒng liáng shi zuò wù zhòng zhí zài shuǐ li
第二题：哪 种 粮食作物 种 植在水里?……

lán dòu　　xiǎo yì hé tiān tiān yì liǎn máng rán　　hǎo duō tí dōu bú huì　　bó shì yé ye shuō
蓝豆、小奕和天天一脸 茫 然，好多题都不会。博士爷爷说：

bèi kǎo zhù le ba　　gāng tǐ yàn le yù mǐ de chéng zhǎng guò chéng jiù rèn wéi zì jǐ néng cān
"被考住了吧，刚体验了玉米的 成 长 过 程就认为自己能 参

jiā nóng yè zhī shi jìng sài le　　xiǎo péng you qiè jì yào xū xīn　　zhòng zài shuǐ li de liáng shi zuò
加农业知识竞赛了? 小 朋友切记要虚心！ 种 在水里的粮食作

wù shì shuǐ dào ya　　nǐ men bú huì lián shuǐ dào dōu bú rèn shi ba
物是水 稻呀！你们不会连 水 稻都不认识吧！"

小·朋友们你们知道我国粮食产量排名前三的是哪几个省份吗? 不同地域土地的颜色也不一样哦，你知道几种土地的颜色呢?

②

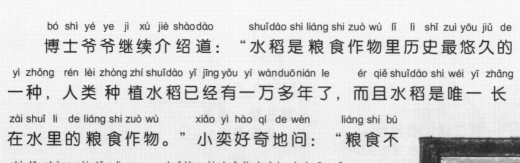

博士爷爷继续介绍道："水稻是粮食作物里历史最悠久的一种，人类种植水稻已经有一万多年了，而且水稻是唯一长在水里的粮食作物。"小奕好奇地问："粮食不是都种在土里吗，水稻在水里会不会淹死啊？"博士爷爷说："当然不会，因为水稻自带导气管，可以运送氧气。"

小朋友们，你们知道"南袁北徐"是谁吗？水稻一年能种几季？

4

蓝豆的眼中闪烁着探索未知的兴奋，她急切地拽着博士爷爷说道："快让我们变成神奇的水稻吧！"博士爷爷摸了摸蓝豆的小脑袋说："没问题，让二两油带你们去吧。这次还有小伙伴陪伴哦！"

5

sān ge xiǎo jiā huo gǎn jǐn wèn　　　　xiǎo huǒ bàn zài nǎr　　a
三个小家伙赶紧问："小伙伴在哪儿啊？"

bó shì yé ye shén mì de xiào le　　　　zì jǐ qù kàn ba
博士爷爷神秘地笑了："自己去看吧。"

sān ge rén dài zhe mǎn xīn de yí wèn gēn zhe èr liǎng yóu tà shàng le tǐ yàn zhī lǚ
三个人带着满心的疑问跟着二两油踏上了体验之旅。

yí zhèn bái guāng zhī hòu　　tā men biàn chéng le huáng huáng de dào gǔ zhǒng zi bèi jìn pào zài shuǐ li
一阵白光之后，他们变成了黄黄的稻谷种子被浸泡在水里。

小朋友们，水稻的种子什么样啊？
我们常吃的大米能发芽吗？

变成小稻苗

水稻的奇妙世界

“咦，为什么要给我们洗澡啊？”他们好奇地问。“这些水里面加了杀菌剂，可以把你们身上带的病菌杀死。”二两油解释说。“这也是种子浸润催芽的过程，你们吸足水分后，会先被种在土里，经过温室30～32℃的'高温'催芽，你们会长成幼苗，然后再被移到水里。”

水稻为什么要育种？
什么叫插秧？

天天边打嗝儿边说："呃，我都泡肿了。"随后种子被带到温室，种在了土里。一会儿工夫，种子就发芽长叶了，像嫩绿的小草。小奕问："我已经长好几片叶子了，什么时候才会被移到水里呢？"二两油看着小稻苗说："你们现在处于幼苗期，长到8厘米左右就可以被插在水田里了，这个过程叫作插秧。"

èr liǎng yóu huà yīn gāng luò sān kē xiǎo dào miáo yǐ jīng suí zhe shuǐ dào dà jūn bèi zāi

二两油话音刚落，三棵小稻苗已经随着水稻大军被栽

zhòng dào le dào tián li lán dòu jīng tàn wā zhè lǐ hǎo dà a hái yǒu hǎo duō

种到了稻田里。蓝豆惊叹："哇，这里好大啊，还有好多

shuǐ wǒ zhī dào wèi shén me jiào shuǐ dào le jiù shì zhòng zài shuǐ li de dào zi

水，我知道为什么叫水稻了，就是种在水里的稻子。"

不死蚂蟥

水稻的奇妙世界

tiān tiān hū rán fā xiàn le shén me
天天忽然发现了什么：

yí shuǐ li zhè ge hēi hēi biǎn biǎn de chóng zi shì
"咦，水里这个黑黑扁扁的虫子是

shén me hái yóu de zhè me kuài bù shì lái chī wǒ men de
什么？还游得这么快，不是来吃我们的

hài chóng ba xiǎo yì shuō zhè bú huì jiù shì mǎ huáng
害虫吧？"小奕说："这不会就是蚂蟥

ba tīng shuō tā hěn kě pà de shēng mìng lì chāo
吧，听说它很可怕的，生命力超

qiáng qiē chéng jǐ duàn dōu bú huì sǐ
强！切成几段都不会死，

zuì ài xī xiě
最爱吸血。"

二两油说："你认识的还挺多，这确实是蚂蟥，也叫水蛭，最爱吸食人畜血液，它行动敏捷，生存能力也很强，打不死，切成几段还能活。但是它的天敌也很多，鸟、鱼、小龙虾及老鼠都能吃它。你们知道被蚂蟥叮咬后应该怎么办吗？"

xiǎo péng you men dōu shuō bù zhī dào　　èr liǎng yóu gào su tā men shuō　　　zài fā xiàn mǎ
小朋友们都说不知道。二两油告诉他们说："在发现蚂

huáng xī xiě de shí hou　　qiān wàn bú yào shēng lā yìng zhuài　mǎ huáng shēn tǐ róu ruǎn cuì ruò　qiáng
蟥吸血的时候，千万不要生拉硬拽，蚂蟥身体柔软脆弱，强

xíng lā chě kě néng huì jiāng mǎ huáng chě duàn　shǐ qí lìng yí bàn cán liú zài shēn tǐ lǐ　hěn nán qīng
行拉扯可能会将蚂蟥扯断，使其另一半残留在身体里，很难清

lǐ　kě yǐ zài bèi dīng yǎo de bù wèi　qīng qīng pāi dǎ　huò zhě shǐ yòng yán　shí cù　jiǔ　qīng
理。可以在被叮咬的部位，轻轻拍打，或者使用盐、食醋、酒、清

liáng yóu děng cì jī xìng de wù zhì shǐ qí zì rán diào luò　mǎ huáng zuì pà yán　yù dào yán jiù huì
凉油等刺激性的物质使其自然掉落。蚂蟥最怕盐，遇到盐就会

tuō shuǐ sǐ qù
脱水死去。"

蓝豆说："没事，我们现在是植物，不用怕它！"二两油说："但是农民伯伯还是需要做好防护的，下水田的时候，穿上专门的胶靴戴上插秧手套，喷点驱蚊水就可以防止蚂蟥叮咬了。别看蚂蟥长得难看，却是名贵的中药材，药用价值很高呢！"

小伙伴来了

水稻的奇妙世界

dà jiā kuài kàn　　wǒ hǎo xiàng fēn chà le　　wǒ gǎn jué zì jǐ jiù xiàng sūn wù
"大家快看，我好像分杈了。我感觉自己就像孙悟

kōng bá le gēn háo máo xiū de chuī yí xià　jiù yòu biàn chū yí gè zì jǐ
空，拔了根毫毛'咻'地吹一下，就又变出一个自己。"

tiān tiān xīng fèn de shuō
天天兴奋地说。

èr liǎng yóu shuō　　zhè shì nǐ men jìn rù fēn niè bá jié qī le　　jiù shì fēn
二两油说："这是你们进入分蘖拔节期了，就是分

zhī hé zhǎng gāo　fēn niè yuè zǎo　yuè duō　zuì hòu jiē chū de dào suì jiù yuè duō
枝和长高。分蘖越早、越多，最后结出的稻穗就越多。

kàn　nǐ men de huǒ bàn lái le
看！你们的伙伴来了。"

小朋友们，你们猜出来水稻的小伙伴是谁了吗？答案就要揭晓喽！

18

只见一群毛茸茸的小黄鸭欢快地冲进了稻田里，有的调皮地把头伸到了水里，玩起了潜泳；有的用扁扁的嘴在稻田里寻找食物；还有的瞪着黑黑的大眼睛好奇地在稻田里游来游去，好像在探索新世界一样。

活泼的小鸭子们让稻田里一下子热闹起来。二两油说："你们会和小鸭子们一起长大，它们不仅可以帮你们除掉害虫和杂草，在田里游泳时还可以松土，粪便还可以做有机肥料。有了这些小鸭子，你们生长的过程中就不用农药和化肥了，这样长成的稻谷可是绝对无污染的有机食品啊。"

xiǎo yì suí jí wèn dào　　xiǎo yā zi men de hǎo chù suī rán hěn duō　　dàn tā men chī cǎo de

小奕随即问道："小鸭子们的好处虽然很多，但它们吃草的

shí hou huì bu huì bǎ wǒ men yě chī diào a　　èr liǎng yóu huí dá　　bú huì de　　yīn wèi dào

时候会不会把我们也吃掉啊？"二两油回答："不会的，因为稻

miáo xiàn zài yǐ jīng zhǎng de hěn gāo le　　yā zi gòu bu dào nǐ men de nèn

苗现在已经长得很高了，鸭子够不到你们的嫩

yè　　lìng wài nǐ men de yè zi zhì dì bǐ jiào yìng　　yā zi bìng bú ài

叶，另外你们的叶子质地比较硬，鸭子并不爱

chī　　suǒ yǐ bú yòng dān xīn o

吃，所以不用担心哦。

小奕长吁一口气，对着小鸭子们说："鸭子伙伴们，以后我们要好好相处哦，要是有虫子欺负我们就全靠你们了。"小鸭子们扬起了小小的翅膀，嘎嘎叫了两声，好像在回应小奕的话。

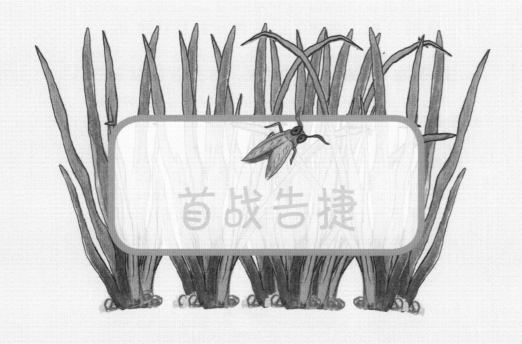

首战告捷

水稻的奇妙世界

xiǎo huáng yā men shú xi le dào tián de huán jìng
小黄鸭们熟悉了稻田的环境

hòu biàn kāi shǐ xún luó hū rán yì qún huī sè de xiǎo
后便开始"巡逻"。忽然一群灰色的小

chóng zi wēng wēng wēng de fēi le guò lái kàn jiàn dào miáo jiù sān sān
虫子嗡嗡嗡地飞了过来，看见稻苗就三三

liǎng liǎng de luò le shàng qù yòng jiān jiān de kǒu qì cì pò dào miáo de
两两地落了上去，用尖尖的口器刺破稻苗的

yè zi xī qǐ le lǐ miàn de zhī yè èr liǎng yóu shuō kàn zhè
叶子吸起了里面的汁液。二两油说："看，这

shì hài chóng dào fēi shī tā men shì qún tǐ huó dòng ér
是害虫——稻飞虱。它们是群体活动，而

qiě fán zhí de hěn kuài
且繁殖得很快。"

 小朋友们你们认识稻飞虱吗？扫描就能知道答案哦！

小鸭子们听见了声音也警觉地把头扬了起来，很快就锁定了目标。其中最快的一只小黄鸭看准了一只稻飞虱用扁扁的嘴一啄就吃进了肚子里，然后得意地仰着头嘎嘎叫了两声，又拍了拍翅膀，向另外一只稻飞虱发起了进攻。

28

这只稻飞虱看到鸭子来了，刚想飞走，小鸭子眼疾嘴快，一下子就把它吃进了肚里。这时小黄鸭们都围了上来，一会儿工夫，一群稻飞虱就被小鸭子们清理干净了。漏网的一两只看到情况不妙，一溜烟地飞走了。

<ruby>小<rt>xiǎo</rt></ruby><ruby>鸭<rt>yā</rt></ruby><ruby>子<rt>zi</rt></ruby><ruby>们<rt>men</rt></ruby><ruby>看<rt>kàn</rt></ruby><ruby>到<rt>dào</rt></ruby><ruby>敌<rt>dí</rt></ruby><ruby>情<rt>qíng</rt></ruby><ruby>解<rt>jiě</rt></ruby><ruby>除<rt>chú</rt></ruby><ruby>了<rt>le</rt></ruby>，<ruby>都<rt>dōu</rt></ruby><ruby>嘎<rt>gā</rt></ruby><ruby>嘎<rt>gā</rt></ruby><ruby>大<rt>dà</rt></ruby><ruby>叫<rt>jiào</rt></ruby><ruby>起<rt>qi</rt></ruby><ruby>来<rt>lai</rt></ruby>，<ruby>仿<rt>fǎng</rt></ruby><ruby>佛<rt>fú</rt></ruby><ruby>在<rt>zài</rt></ruby><ruby>庆<rt>qìng</rt></ruby><ruby>祝<rt>zhù</rt></ruby><ruby>取<rt>qǔ</rt></ruby><ruby>得<rt>dé</rt></ruby><ruby>了<rt>le</rt></ruby><ruby>胜<rt>shèng</rt></ruby><ruby>利<rt>lì</rt></ruby>。<ruby>蓝<rt>lán</rt></ruby><ruby>豆<rt>dòu</rt></ruby><ruby>高<rt>gāo</rt></ruby><ruby>兴<rt>xìng</rt></ruby><ruby>地<rt>de</rt></ruby><ruby>叫<rt>jiào</rt></ruby><ruby>道<rt>dào</rt></ruby>："<ruby>小<rt>xiǎo</rt></ruby><ruby>鸭<rt>yā</rt></ruby><ruby>子<rt>zi</rt></ruby><ruby>们<rt>men</rt></ruby><ruby>也<rt>yě</rt></ruby><ruby>太<rt>tài</rt></ruby><ruby>厉<rt>lì</rt></ruby><ruby>害<rt>hài</rt></ruby><ruby>了<rt>le</rt></ruby>，<ruby>打<rt>dǎ</rt></ruby><ruby>得<rt>de</rt></ruby><ruby>稻<rt>dào</rt></ruby><ruby>飞<rt>fēi</rt></ruby><ruby>虱<rt>shī</rt></ruby><ruby>毫<rt>háo</rt></ruby><ruby>无<rt>wú</rt></ruby><ruby>还<rt>huán</rt></ruby><ruby>手<rt>shǒu</rt></ruby><ruby>之<rt>zhī</rt></ruby><ruby>力<rt>lì</rt></ruby>！"

 小朋友们，请你来画一下小鸭子得胜后庆祝的场景吧！

卷起来的叶子

水稻的奇妙世界

时间一天天过去，小黄鸭和稻苗们相处得很融洽，鸭子伙伴被小朋友们叫作"稻田守护者"，它们也不辜负这个称号，日日夜夜守护着稻田。

yí gè yáng guāng càn làn de xià wǔ　　dào tián biān shang yì zhī xiǎo yā zi hǎo xiàng fā xiàn le
一个阳光灿烂的下午，稻田边上一只小鸭子好像发现了

shén me　　zhǐ jiàn tā bù tíng de　　zhuó zhe yí piàn juǎn qi lai de dào yè　　jiù xiàng biàn mó
什么，只见它不停地　　啄着一片卷起来的稻叶，就像变魔

shù yí yàng cóng lǐ miàn diāo chū　　le yì tiáo lǜ sè de chóng zi　　qí tā de xiǎo yā zi kàn
术一样从里面叼出　　了一条绿色的虫子。其他的小鸭子看

dào měi shí yě　　wéi le　　shàng qù　　tā men fēn fēn duì zhe juǎn qū de
到美食也　　围了　　上去，它们纷纷对着卷曲的

dào yè zhuó　　le qǐ lái　　yòu fā
稻叶啄　　了起来，又发

xiàn le hǎo jǐ　　tiáo lǜ sè de
现了好几　　条绿色的

chóng zi
虫子。

35

两只小鸭子还为一条虫子争抢起来，它们晃着头用力拉扯，都想把虫子吃进自己的嘴里，那条虫子就像橡皮筋一样被抻长了。最后抢到虫子的鸭子扭头就跑，另外一只一边急得嘎嘎大叫，一边在后面紧追不舍，两只鸭子荡起了一片水波。

小朋友们也看得很欢乐，小奕问："二两油，这虫子是从哪儿冒出来的？"二两油说："这是稻纵卷叶螟的幼虫，俗称苞叶虫。一定是有成虫在咱们稻田里产卵，现在孵化出来了。"蓝豆说："敢在我们的稻田里产卵，胆子太大了！小鸭子加油！把它们全部吃光！"

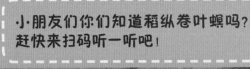

小朋友们你们知道稻纵卷叶螟吗？赶快来扫码听一听吧！

38

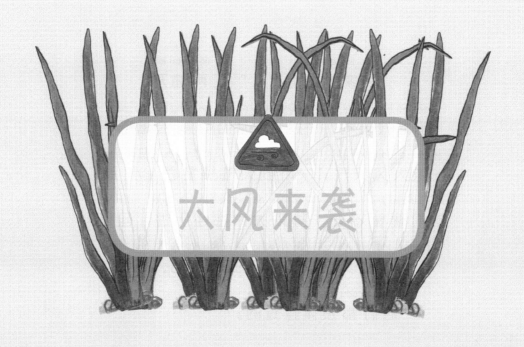

大风来袭

水稻的奇妙世界

"大家要注意了，"二两油开

始播报天气，"晚上你们可能会遭遇

一次大风天气。"听到天气预警后，小朋

友们惴惴不安。刮风大家都经历过，但是

作为植物又会有怎样的感受呢，这是

他们都没体验过的。

"呜呜呜"，风吹起来了，一开始风还不大，大家还觉得挺舒服。一会儿大风的威力就显现出来了，地上的尘土都被卷起来，天空中灰蒙蒙的，刮得稻田发出一片响声。天天大声说："我感觉自己要飞走了，我已经要抓不住地面了！"蓝豆也说："我的叶子都快折断了，我感觉要被风搅碎了。"

就在他们都快坚持不住的时候，风像是吹累了一样慢慢停了下来。稻田里一片凌乱，小朋友们这边的稻苗都还好，受伤比较轻；另一边的稻田受伤就很严重了，有的叶子折断了，有的被吹歪了，还有的毫无生气地垂在水面上。小黄鸭们都吓得躲了起来。

农民伯伯们忙碌起来，立即拯救受伤的稻苗，有的稻苗被重新扶正栽种在稻田里，有的稻苗等待重新长好。一番救治后，稻田终于恢复了原本整齐的模样。小奕惊魂未定地说："大风天气真可怕呀，希望以后都是好天气。"

小朋友你们听过风级歌吗，掌握了以后可以自己判断风力等级哦！

水稻的奇妙世界

接下来的日子果然像大家希望的那样，风调雨顺。鸭子们长大了，淡黄色的绒毛已经褪去，变成了洁白的羽毛。小稻苗也已经长成了高大的植株，叶子变成了深绿色。一些稻苗已经长出了小小的稻穗。小奕很有经验地说："我们要开花了，稻花好像很香吧！"随着稻穗慢慢抽出，稻穗的花瓣像蚌壳似的张开了，淡黄色的小花药露了出来。小小的稻花布满了稻穗，在风中微微荡漾。

小朋友，你想象中的稻花是什么样子的呢？是大花还是小花？请你来画一画它吧！

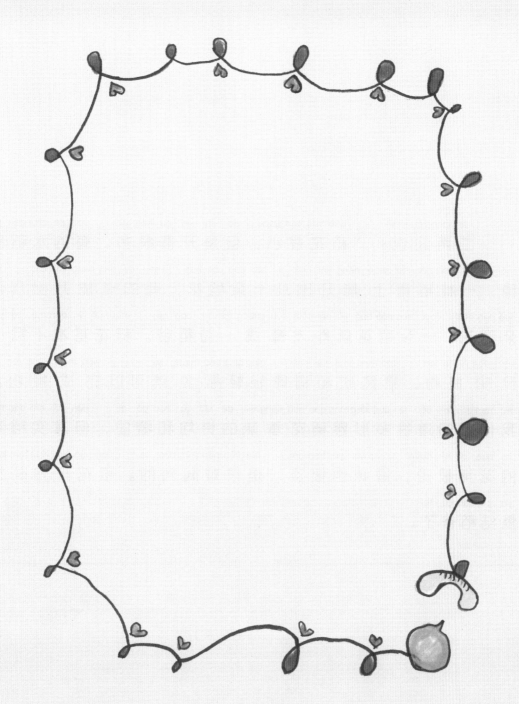

二两油说："稻花很小，但是开得很多。有的水稻品种，一株稻穗上能开出几十朵稻花，有的竟能开出几百朵稻花，一朵稻花就能发育成一粒稻谷。稻花基本不需要昆虫授粉，靠风吹和稻穗轻轻摇晃就可以完成授粉。我们都知道很多形容稻花香味的诗句和歌曲，但其实稻花的花期很短，香味也很淡，是很难闻到的。稻花开完很快就结稻谷了。"

一畦春韭绿，
十里稻花香。

稻花香里说丰年，
听取蛙声一片。

衣逢梅雨渍，
船入稻花香。

一条大河波浪宽，
风吹稻花香两岸。

49

小朋友们听二两油说完，都使劲儿闻起来，蓝豆总结道：

"仔细闻还是能闻到的，我觉得稻田里充满了丰收的味道。"

稻花很快就谢了，绿色的稻壳慢慢闭合，开始是干瘪的，渐渐

地，越来越饱满。

可怕的蝗虫

水稻的奇妙世界

天色忽
然暗下来，一群黄色的虫子像乌
云一样快速地飘过来，落在稻叶和快要成熟的
稻谷上就大快朵颐。很多谷粒儿都被咬破了，流出白
色的乳浆。天天害怕极了，声音颤抖地说："二两油，这
是蚂蚱吧，这么大一群好恐怖啊！"二两油说："这是
中华稻蝗，也就是我们常说的蚂蚱。"蝗虫们
狼吞虎咽地吞食着水稻的躯体，田地里只听

见一片沙沙的声音。

小朋友们你们都见过蝗虫吧？你们能想象
到蝗虫成灾的场景吗？

稻田里的鸭子们听见声音飞快地赶过来，它们一口一只很快就把蝗虫吞到了肚子里。蝗虫被鸭子们吓坏了，胆小的赶紧拍拍翅膀飞走了，贪嘴的还来不及逃跑，就成了鸭子们的盘中餐。鸭子们很快就把这群为非作歹的蝗虫吃光了。

xiǎo péng yǒu men kàn dào huáng chóng bèi xiāo miè　　dōu gāo xìng de shǐ jìnr　　niǔ dòng zì jǐ de
小朋友们看到蝗虫被消灭，都高兴地使劲儿扭动自己的

yè zi　　xiàng shì zài wèi yā zi men pāi shǒu jiào hǎo　　xiǎo yì shuō　　　èr liǎng yóu　huáng chóng hǎo
叶子，像是在为鸭子们拍手叫好。小奕说："二两油，蝗虫好

xiàng hěn néng chī a　　　èr liǎng yóu shuō　　　duì a　　hái hǎo zhè cì de huáng chóng bù duō
像很能吃啊。"二两油说："对啊，还好这次的蝗虫不多，

huáng chóng yào shi duō le　　huì pū tiān gài dì　　xíng chéng huáng zāi　　suǒ yǒu néng chī de dōng xi
蝗虫要是多了，会铺天盖地，形成蝗灾，所有能吃的东西

dū huì bèi huáng chóng chī gān jìng de
都会被蝗虫吃干净的。"

tiān tiān de shāng kǒu hái liú zhe rǔ bái sè de jiāng yè　　lán dòu guān xīn de wèn　　　èr liǎng
天天的 伤口还流着乳白色的浆液，蓝豆关心地问："二两

yóu　　zhè bái sè de zhī yè shì shén me a　　tiān tiān bú huì yǒu wēi xiǎn ba　　　èr liǎng yóu shuō
油，这白色的汁液是什么啊？天天不会有危险吧？"二两油说：

nà xiē bái sè de zhī yè huì zài guàn jiāng qī wèi gǔ lì tí gōng chōng zú de yíng yǎng　　zhǔ yào chéng
"那些白色的汁液会在灌浆期为谷粒提供充足的营养，主要成

fèn shì diàn fěn　　yì kē xiǎo dào gǔ shòu shāng le　　duì zhěng zhū shuǐ dào méi yǒu yǐng xiǎng　　suǒ yǐ
分是淀粉。一颗小稻谷受伤了，对整株水稻没有影响，所以

bú yòng dān xīn
不用 担心。"

56

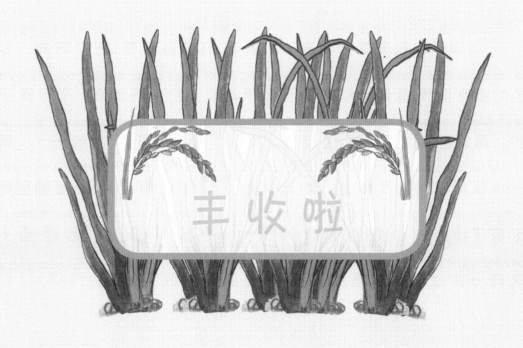

丰收啦

水稻的奇妙世界

转眼间，秋天就要到来了。稻苗们沐浴着暖暖的阳光，绿色的稻壳慢慢变黄，稻壳里面也不再是乳白色的汁液，变得硬硬的。深绿色的叶子也慢慢变成黄色。稻田里的水被放干了，鸭子小伙伴也回到了岸上。微风吹过，稻苗们都被沉甸甸的稻穗压弯了腰。长长的稻穗像辫子一样在风中飘荡，远远望去就像一片金黄色的稻海，好一派美好的丰收场景。

小朋友们，请你根据自己的想象画一下稻田丰收的场景吧！

天天、小奕和蓝豆三个人结束了这次的水稻体验，他们还在看着虚拟的水稻田。稻穗经过收割、脱粒后变成了一粒粒金黄色的稻谷，被储存了起来。小奕歪着脑袋问道："这也不是我们平常吃的大米啊，就这么储存吗？还要脱壳吧？"

二两油解释说："大米不但容易生虫，时间长了口感也不好。稻谷更易储存，不易生虫。所以一般要根据情况进行脱壳。"蓝豆说："长在水里的农作物确实跟长在地上的不一样。这回我们不仅了解了水稻，还认识了蚂蟥，知道小小的蚂蚱也能多到连火车都装不下，会给农作物造成毁灭性的灾难。

这真是一个奇妙的世界！"

大米

广播剧配音演员表

旁　　　白：葛　雪
二　两　油：郝一冉
小　　　奕：荣　奕
天　　　天：梁克迪
蓝　　　豆：孙诺奇
博士爷爷：薛　力
妈　　　妈：田　婧

语音制作

张　曦

大豆的奇妙世界

冬　至◎编著

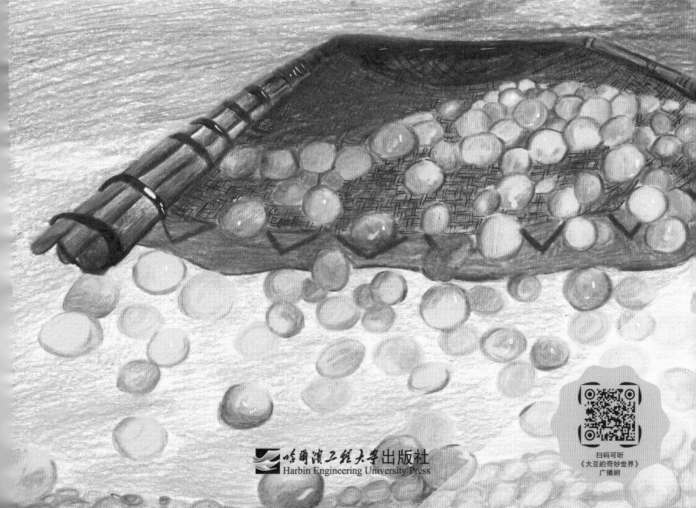

哈尔滨工程大学出版社
Harbin Engineering University Press

扫码可听
《大豆的奇妙世界》
广播剧

图书在版编目（CIP）数据

大豆的奇妙世界 / 冬至编著. — 哈尔滨 ：哈尔滨
工程大学出版社，2021.1
（"奇妙世界"系列丛书）
ISBN 978-7-5661-2910-9

Ⅰ．①大… Ⅱ．①冬… Ⅲ．①大豆—儿童读物 Ⅳ．
① S565.1-49

中国版本图书馆 CIP 数据核字（2021）第 025692 号

大豆的奇妙世界
DADOU DE QIMIAO SHIJIE

选题策划　田　婧
责任编辑　丁月华
插画设计　杜　欣
封面设计　李海波

出版发行　哈尔滨工程大学出版社
社　　址　哈尔滨市南岗区南通大街 145 号
邮政编码　150001
发行电话　0451-82519328
传　　真　0451-82519699
经　　销　新华书店
印　　刷　吉林省吉广国际广告股份有限公司
开　　本　787 mm×960 mm　1/16
印　　张　5
字　　数　36 千字
版　　次　2021 年 1 月第 1 版
印　　次　2021 年 1 月第 1 次印刷
定　　价　99.80 元（全三本）
http://www.hrbeupress.com
E-mail:heupress@hrbeu.edu.cn

编 委 会

（按姓氏笔画排序）

俗语形容黑土地营养丰富，"一两土能榨出二两油"，这就是二两油名字的由来。

科普担当

想象担当

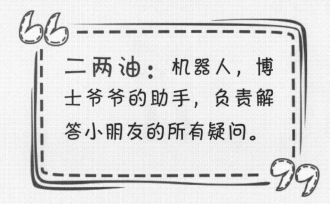

二两油：机器人，博士爷爷的助手，负责解答小朋友的所有疑问。

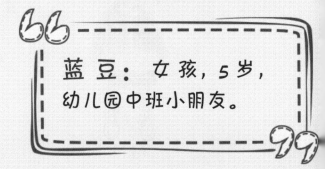

蓝豆：女孩，5岁，幼儿园中班小朋友。

问题担当

状况担当

小奕：男孩，8岁，
小学二年级学生。

天天：男孩，7岁，
小学一年级学生。

目 录

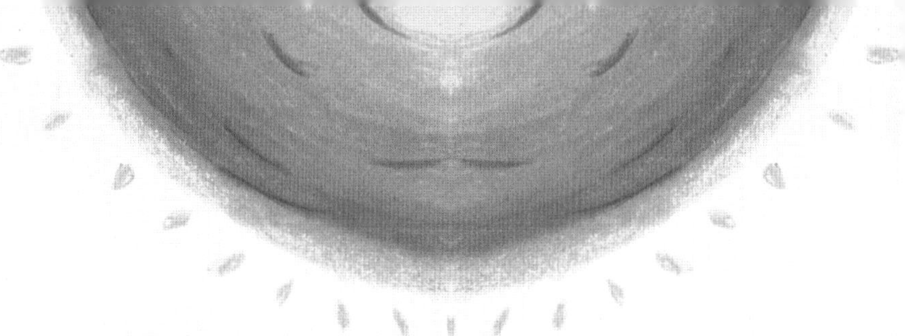

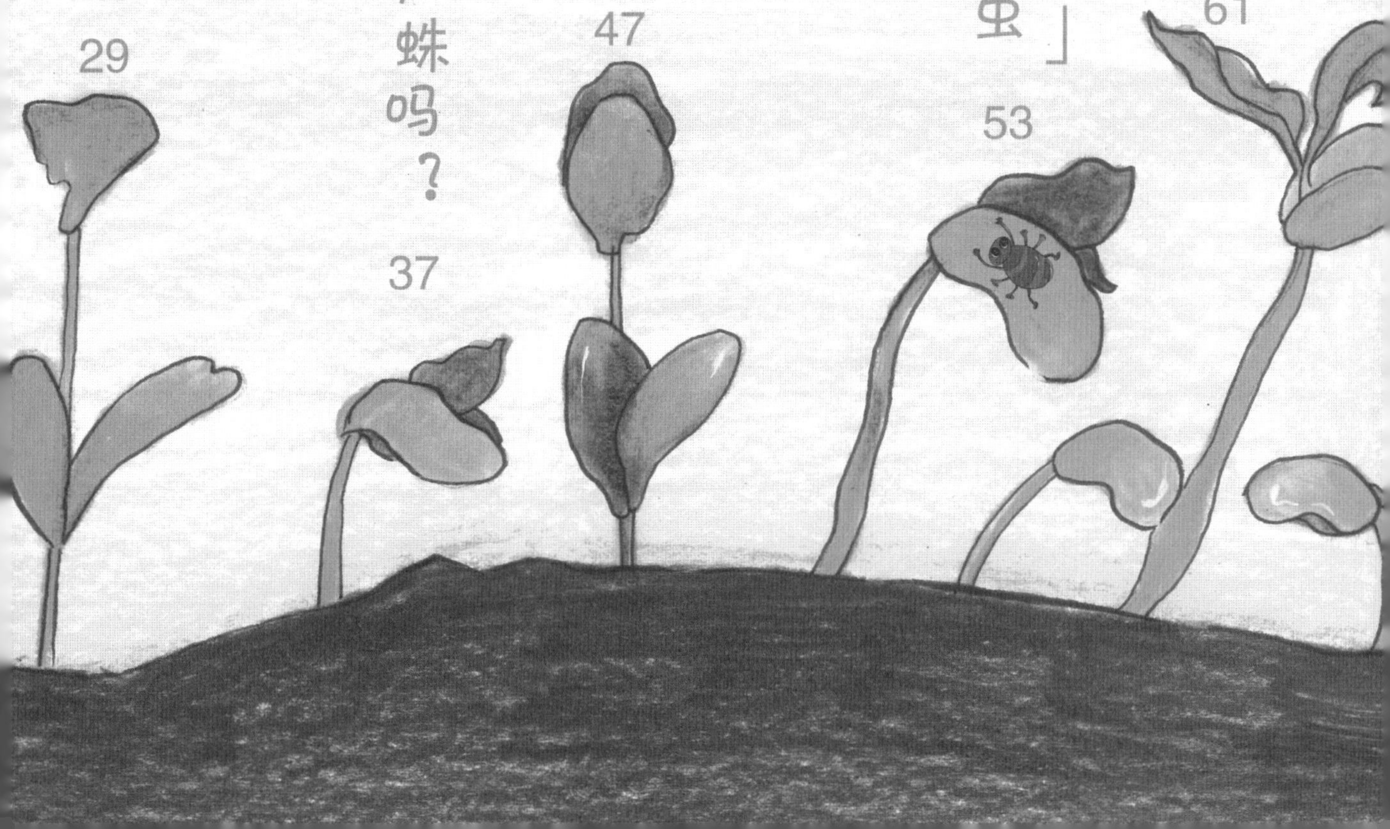

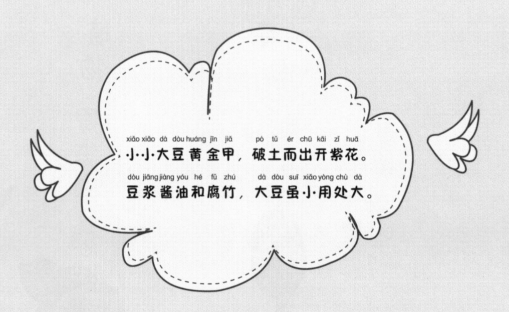

xiǎo xiǎo dà dòu huáng jīn jiǎ　　pò tǔ ér chū kāi zǐ huā
小小大豆黄金甲，破土而出开紫花。

dòu jiāng jiàng yóu hé fǔ zhú　　dà dòu suī xiǎo yòng chù dà
豆浆酱油和腐竹，大豆虽小用处大。

大豆和毛豆

大豆的奇妙世界

　　　　　pū　　　　　 tiān tiān yòu fàng le yí gè pì　　 xiǎo yì hé lán dòu kàn zhe tiān tiān hā hā dà
　　"噗!" 天天又放了一个屁。小奕和蓝豆看着天天哈哈大

　 xiào　 niē zhe bí zi shuō　　　 yí　　 hǎo chòu a　　 tiān tiān wāi zhe tóu xiǎng le xiǎng shuō
笑，捏着鼻子说："咦~，好臭啊!" 天天歪着头想了想说：

　　 kě néng shì yīn wèi wǒ zǎo shang chī le hǎo duō máo dòu ba　　 lán dòu piě le piě zuǐ dào
"可能是因为我早上吃了好多毛豆吧。" 蓝豆撇了撇嘴道：

　 zhè yǒu shén me guān xì a
"这有什么关系啊?"

2

二两油说："这还真有点儿关系，我们经常感觉'豆子吃多了会放屁'，这是因为吃进去的豆子没有完全消化。豆子中含有丰富的蛋白质，组成蛋白质的基本单位是氨基酸，氮又是氨基酸的主要成分。氨基酸如果转化、分解得不完全，就会散发出臭味儿。"

máo dòu shì shén me dòu a　　wǒ zài chāo shì jiàn guo huáng dòu　　hóng dòu　　lǜ
"毛豆是什么豆啊？我在超市见过 黄豆、红豆、绿

dòu　　　hěn duō dòu zi　　zěn me méi jiàn guo máo dòu　　xiǎo yì wèn　　èr liǎng yóu dá
豆……很多豆子，怎么没见过毛豆？"小奕问。二两油答

dào　　　nǐ jué duì jiàn guo tā　　máo dòu jiù shì nǐ gāng cái shuō de huáng dòu　　yě jiào
道："你绝对见过它，毛豆就是你刚才说的 黄豆，也叫

dà dòu
大豆。"

4

á　　máo dòu jiù shì dà dòu　　tā men liǎ chā bié hǎo dà a　　máo dòu biǎn biǎn
　　"啊？毛豆就是大豆？它们俩差别好大啊！毛豆扁扁

de　　dà dòu yuán yuán de　　yán sè yě bù yí yàng a　　　tā men liǎ zhēn de shì yì zhǒng dōng
的，大豆圆圆的，颜色也不一样啊，它们俩真的是一种东

xi ma　　tiān tiān jīng yà dào
西吗？"天天惊讶道。

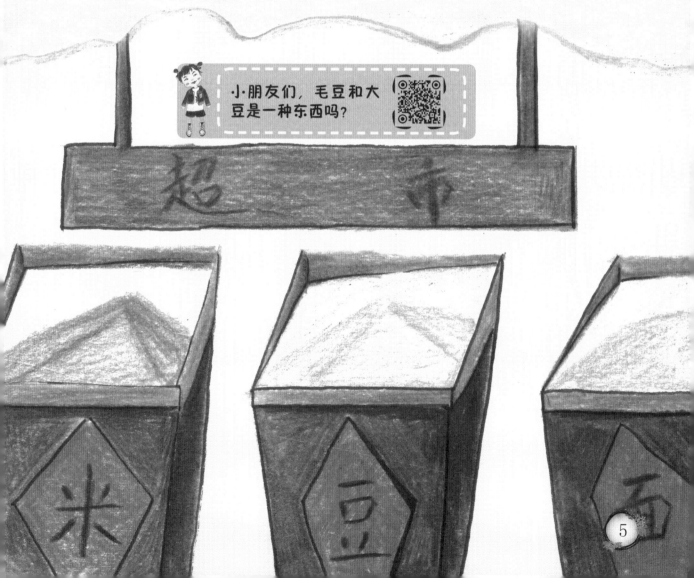

小朋友们，毛豆和大
豆是一种东西吗？

博士爷爷说："你们自己去看看吧，这样
就全清楚了。大豆还是五谷中的一种，了解了大豆，
你们就不是五谷不分了。""好啊！好啊！博士爷爷，让我
们变成大豆吧！"小朋友们争先恐后地说。白光一
闪，天天、小奕和蓝豆都变成了圆圆的大豆
被埋在了土里。

小朋友们，你们知道五谷都是什么吗?

发芽了

大豆的奇妙世界

当漆黑、湿润的感觉再次袭来，他们已经不再害怕了："种子时期就是要拼命地吸收水分才能发芽嘛，我们快点儿喝水吧！"三个小家伙都大口地喝起水来，一会儿的工夫就感觉自己膨胀了。天天说："大豆的种皮比水稻的稻壳薄多了，看，我都已经发芽了，顶破种皮毫不费力嘛！"

小朋友们，大豆可以直接当成种子种吗？你们种过大豆吗？

ér liǎng yóu shuō   dà dòu shēng zhǎng de lì liàng shì hěn qiáng dà de   zài bō zhǒng shí

二两油说："大豆生长的力量是很强大的。在播种时

jié   xiǎo yǔ guò hòu   tǔ rǎng biǎo miàn huì bǎn jié   rú tóng yì céng báo báo de yìng ké   zǐ

节，小雨过后，土壤表面会板结，如同一层薄薄的硬壳，仔

xì guān chá huì fā xiàn   dà dòu fā yá de shí hou   shēng zhǎng de lì liàng huì shǐ tǔ rǎng biǎo miàn

细观察会发现，大豆发芽的时候，生长的力量会使土壤表面

chū xiàn liè wén   dòu yá huǎn huǎn de bǎ zhè céng yìng ké dǐng suì   rán hòu zuān chū dì miàn

出现裂纹，豆芽缓缓地把这层硬壳顶碎，然后钻出地面。"

9

èr liǎng yóu de huà yīn gāng luò　　běn lái bèi mái zài tǔ li de dà dòu
二 两 油 的 话 音 刚 落， 本 来 被 埋 在 土 里 的 大 豆

dǐng pò zhǒng pí hòu　 cóng tǔ li gǒng le chū lái　 wēi wēi dī xià de tóu xiàng
顶 破 种 皮 后， 从 土 里 拱 了 出 来， 微 微 低 下 的 头 像

yí gè dà dà de dòu hào　 màn màn de　 dòu bàn de tóu tái le qǐ lái
一 个 大 大 的 逗 号。 慢 慢 地， 豆 瓣 的 头 抬 了 起 来，

yán sè yě cóng huáng sè biàn chéng lǜ sè　 liǎng ge dòu bàn fēn kāi le　 xiàng
颜 色 也 从 黄 色 变 成 绿 色。 两 个 豆 瓣 分 开 了， 像

liǎng zhǐ xiǎo shǒu zài yōng bào wēn nuǎn de yáng guāng　 yòu guò le yí huìr
两 只 小 手 在 拥 抱 温 暖 的 阳 光。 又 过 了 一 会 儿，

cóng liǎng ge dòu bàn de zhōng jiān zhǎng chū liǎng piàn xiǎo xiǎo de　 táo zi xíng
从 两 个 豆 瓣 的 中 间 长 出 两 片 小 小 的、 桃 子 形

zhuàng de nèn yè　 nèn yè huǎn huǎn de zhǎn kāi　 máo róng róng de　 kě
状 的 嫩 叶。 嫩 叶 缓 缓 地 展 开， 毛 茸 茸 的， 可

ài jí le
爱 极 了。

小朋友们，请你根据自己的想象画一下大豆发芽的样子吧！

10

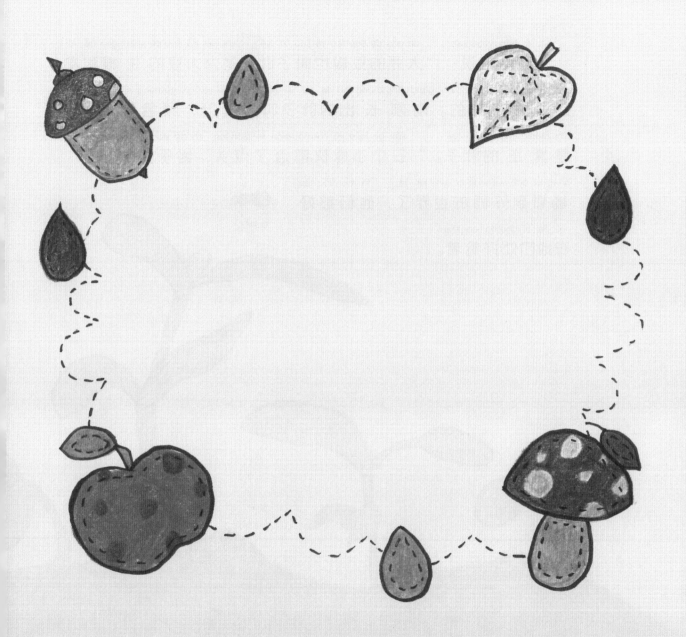

二两油说：“大豆的豆瓣也叫子叶，是为大豆的生根和发芽提供营养的。刚刚长出的叶子叫作真叶，顾名思义，就是真正的叶子。”三个小家伙都点了点头，终于又能看到外面的世界了，他们都好奇地四处打量着。

zhè shì yí piàn hěn kāi kuò de tǔ dì tǔ dì shang dōu shì gāng gāng zhǎng chū xiǎo yè zi

这是一片很开阔的土地，土地上都是刚刚长出小叶子

de dòu miáo xiǎn de shēng jī bó bó dà dòu jīng guò zhǒng zi méng fā hé chū miáo qī jìn rù

的豆苗，显得生机勃勃，大豆经过种子萌发和出苗期进入

le yòu miáo qī

了幼苗期。

奇怪的枯萎

大豆的奇妙世界

豆田边缘出现了一抹与土地上欣欣向荣的景色很不和谐的黄色，有的豆苗还歪歪斜斜，看起来无精打采的。二两油发现异常后去察看，只见他从地里挖出一只长得很凶猛的虫子。它有小手指长短，头很小，前胸背板像一个褐色的盾牌，腹部是灰黄色的，前脚像一个大铲子，尾部还有两条尾须。

天天问："这是什么虫子啊，看起来好凶！" 二两油说："这是蝼蛄，俗称蝲蝲蛄、土狗子，是一种生活在土里的害虫，它的两个铲子是用来挖土的。它最爱吃植物的嫩苗，豆田边上那些豆苗就是被它咬断了根，失去营养供应而枯萎的。这种害虫对幼苗伤害极大。"

17

二两油一边轻轻地捏着蝲蝲蛄，一边若有所思，却见
这蝲蝲蛄的力气极大，竟然用自己的大铲子把二两油捏着
它的手指撑开了，同时尾部喷出了一股难闻的液体，二两
油猝不及防，被它挣脱，它扇着翅膀，一溜
烟地逃走了。

小朋友们一看虫子逃走了，都笑了起来："二两油'翻车'了，抓到手的虫子竟然还能逃走！"二两油不疾不徐地说："蝼蛄技能很多的，不仅会飞，还会游泳、挖土，且挖土速度很快，还能倒着走，在昆虫里算是很厉害的了。它的天敌是鸟类，它还有一个特点——趋光，晚上你们就会看到一场好戏。"

19

xiǎo péng
小朋
yǒu men dōu děng zhe kàn hǎo xì tiān zhōng yú
友们都等着看“好戏”，天终于
hēi le xià lái zhǐ jiàn èr liǎng yóu ná zhe liǎng zhǎn hēi guāng dēng zhàn
黑了下来，只见二两油拿着两盏黑光灯站
zài le tián biān qī hēi de yè wǎn hēi guāng dēng de guāng xiàn hěn xiǎn yǎn
在了田边，漆黑的夜晚，黑光灯的光线很显眼，
yí huìr de gōng fu dēng fù jìn hū rán chū xiàn hěn duō bù míng fēi xíng wù tóng
一会儿的工夫，灯附近忽然出现很多不明飞行物，同
shí tīng dào pīng pīng pāng pāng de shēng yīn yuán lái shì là là gǔ men cóng tǔ lǐ fēi
时听到乒乒乓乓的声音，原来是蝲蝲蛄们从土里飞
chu lai zhuàng dào dēng shang dì shang tǎng le jǐ shí zhī yǐ jīng zhuàng yūn le
出来，撞到灯上。地上躺了几十只已经撞晕了
de là là gǔ yǒu de hái zài zhēng zhá zhe wǎng dēng shang pá èr
的蝲蝲蛄，有的还在挣扎着往灯上爬。二
liǎng yóu ná zhe dài zi bǎ zhè xiē là là gǔ dōu zhuāng
两油拿着袋子，把这些蝲蝲蛄都装
le qǐ lái
了起来。

蓝豆看完说："只要拿盏灯，虫子就自投罗网了，还真是简单，你要怎么处理它们呢？"二两油说："可以将它们晒干后制药。蝲蝲蛄是一味难得的药材，有利尿、消肿、解毒的功效，可以治疗脓肿疮毒等病症。"

小小氮肥厂

大豆的奇妙世界

二两油问小朋友们：“你们感觉一下自己的根，发现有什么不一样的地方吗？”天天大叫：“我的根上长了好多的小豆豆！这是什么啊，也是虫子吗？”二两油说：“这是豆科植物一种特有的东西，叫作大豆根瘤菌。那些小豆豆叫作根瘤。”

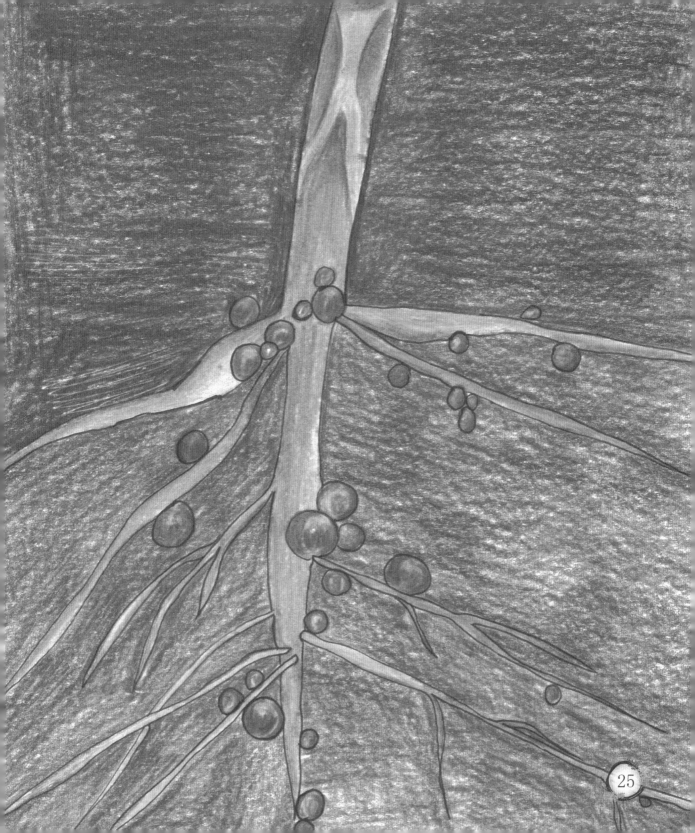

gēn liú jūn jiù shēng zhǎng zài zhè xiē gēn liú li　gēn liú jūn jù yǒu
"根瘤菌就生长在这些根瘤里，根瘤菌具有

gù dàn néng lì　néng gù dìng yóu lí zài kōng qì zhōng de dàn　èr liǎng yóu
固氮能力，能固定游离在空气中的氮。"二两油

jì xù shuō　měi gè bù qǐ yǎn de xiǎo dòu dou　dōu shì yí gè xiǎo xiǎo de dàn
继续说："每个不起眼的小豆豆，都是一个小小的氮

féi chǎng　jù kē xué jiā tuī suàn　dòu kē zhí wù de dàn féi chǎng bǐ shì jiè shang
肥厂。据科学家推算，豆科植物的氮肥厂比世界上

rèn hé yí gè dàn féi chǎng de chǎn liàng dōu yào gāo
任何一个氮肥厂的产量都要高。"

小朋友们，请你根据自己的想象画一下大豆根上的"氮肥厂"吧！

sān ge xiǎo jiā huo tīng wán èr liǎng yóu de jiě shì dōu chī jīng de zhāng dà zuǐ ba
三个小家伙听完二两油的解释都吃惊得张大嘴巴：

wā   méi xiǎng dào xiǎo xiǎo de gēn shang hái yǒu zhè me dà de mì mì   xiǎo dòu dou men zhēn
"哇！没想到小小的根上还有这么大的秘密，小豆豆们真

liǎo bu qǐ   èr liǎng yóu shuō   zhè zhǒng tè shū de hé zuò guān xi   yì zhí chí xù dào
了不起！"二两油说："这种特殊的合作关系，一直持续到

dà dòu chéng shú shōu huò cái zàn gào jié shù   dà dòu shōu gē yǐ hòu   gēn xì kāi shǐ fǔ làn
大豆成熟收获才暂告结束。大豆收割以后，根系开始腐烂，

gēn liú yě bèi pò huài   gēn liú jūn yòu huí dào le tǔ rǎng zhōng   dài lái nián zài zhòng dòu kē zhí wù
根瘤也被破坏。根瘤菌又回到了土壤中，待来年再种豆科植物

shí   hái huì
时，还会

chóng xīn jù
重新聚

dào dà dòu de gēn xì zhōng
到大豆的根系中。"

小朋友们，你们见过大豆根上的根瘤吗？想知道根瘤菌是怎么工作的吗？扫码听听吧！

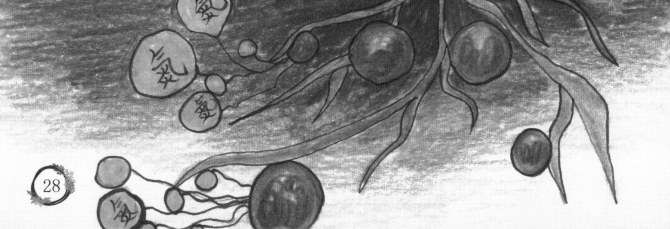

28

冰雹突袭

大豆的奇妙世界

二两油又开始播报天气了："一会儿你们可能会遭遇冰雹天气。"

小奕不以为意地说："冰雹天气最好玩了，下的都是小冰球，我每次都收集好多冰雹玩呢！"

二两油说："作为植物的感受可完全不一样，一会儿你们就知道了！"

shuō huà jiān　　tiān kōng zhōng sǎ luò xià xì suì de yǔ diǎnr　　xiǎo jiā huo men xiǎng shòu

说话间，天空 中 洒落下细碎的雨点儿，小家伙们享受

zhe yǔ dī de zī rùn　zhuǎn yǎn jiān　　yǔ shì jí zhuǎn zhí xià　rú piáo pō yì bān　bàn suí zhe

着雨滴的滋润。转眼间，雨势急 转 直下，如瓢泼一般，伴随着

diàn shǎn léi míng　　mǐ lìr　　dà xiǎo de bīng báo suí zhe dà yǔ luò xia lai　dǎ zài dòu miáo de

电闪雷鸣，米粒儿大小的冰 雹随着大雨落下来，打在豆苗的

xiǎo yè zi shang pī pā zuò xiǎng　tiān tiān duō duō suō suō de shuō　　zhè bīng báo dǎ zài shēn

小叶子 上 噼啪作响。天天哆哆嗦嗦地说："这 冰 雹打在身

shang gēn xiǎo shí tou yí yàng　tài téng le　tiān qì yě biàn de hǎo lěng a

上 跟 小 石头一样，太疼了! 天气也变得好 冷啊！"

xiǎo xiǎo de bīng báo xià luò de sù dù fēi cháng kuài　　yì zhǎ yǎn de gōng fu jiù cóng yún
小小的冰雹下落的速度非常快，一眨眼的工夫就从云

duān luò dào le dà dì shang　　bèng bèng tiào tiào de　　dì shang hǎo xiàng pū mǎn le　yì céng bái
端落到了大地上，蹦蹦跳跳的，地上好像铺满了一层白

sè de　　yán lìr　　qì wēn yě míng xiǎn jiàng dī　　xiǎo dòu miáo men hǎo duō dōu bèi bīng báo
色的"盐粒儿"，气温也明显降低。小豆苗们好多都被冰雹

dǎ　shāng le　　yǒu de bèi zá wāi le tóu　　yǒu de bèi zá diào le yè zi　　hái yǒu de yè zi
"打"伤了，有的被砸歪了头，有的被砸掉了叶子，还有的叶子

shang bèi zá chū le xiǎo dòng　　yǔ màn màn tíng le xià lái　　bīng báo yí huìr　　jiù xiāo shī de wú
上被砸出了小洞。雨慢慢停了下来，冰雹一会儿就消失得无

yǐng wú zōng
影无踪，

zhǐ liú xià
只留下

mǎn yuán shāng
满园"伤

bīng
兵"。

二两油说："冰雹是一种严重的自然灾害，常常砸毁大片农作物，损坏建筑群，威胁人类安全。还好我们今天碰到的冰雹不大，伤害不严重。极端天气的冰雹能达到鸡蛋大小，玻璃都可以打碎呢！如果农作物结果实的时候碰到极端的冰雹天气，甚至会颗粒无收，农民一年的辛苦就全都白费了。在城市里，冰雹伤人、破坏建筑物的报道也有很多。"

小朋友们了解了冰雹的危害，再也不敢小瞧这种天气情况了。他们都努力地运转着自己的氮肥工厂，吸收养分，修复伤痛。一段时间过后，豆苗们又恢复了生机，大地又是一片整齐的绿色。

是蜘蛛吗？

大豆的奇妙世界

一阵风吹过，小奕发现旁边豆苗的叶片后面有一片白白的蛛网，一只只小小的红色"蜘蛛"在蛛网里爬来爬去，有一只还扯着一根蛛丝荡到了天天的叶子上。天天笑道："好痒啊，'蜘蛛'应该是益虫吧，它是在结网捕虫吗？"

二两油说：“这种虫子确实叫红蜘蛛，不过它可不是益虫，它只是长得像蜘蛛，其实是一种叶螨。”天天说：“原来长得像蜘蛛也不一定是蜘蛛！那谁能消灭它呢？”二两油说：“看！它的天敌已经来了。”

小朋友们，红蜘蛛是蜘蛛吗？它是益虫还是害虫？

39

只见一只绿色的长得有点儿像蜻蜓的昆虫，扇着翅膀飞了过来，它先停在一株豆苗的叶子上，在叶子上拉丝，每拉一条丝，丝线的顶端都有一个白色的小米粒儿，一会儿一片叶子的背面就缀满了这种丝线，像一簇簇的花蕊，随风飘舞。

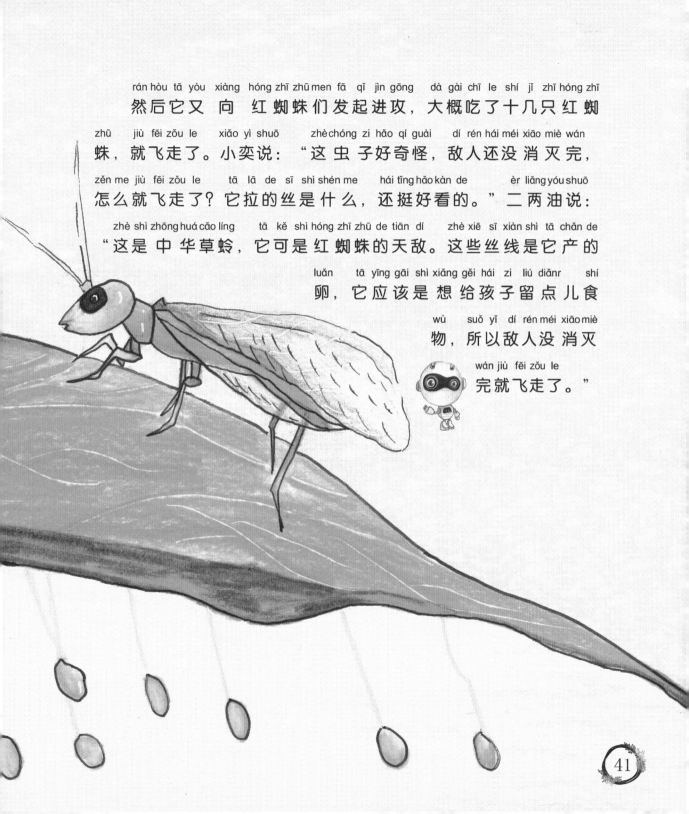

然后它又向红蜘蛛们发起进攻，大概吃了十几只红蜘蛛，就飞走了。小奕说："这虫子好奇怪，敌人还没消灭完，怎么就飞走了？它拉的丝是什么，还挺好看的。"二两油说："这是中华草蛉，它可是红蜘蛛的天敌。这些丝线是它产的卵，它应该是想给孩子留点儿食物，所以敌人没消灭完就飞走了。"

二两油正在介绍，那像花一样的卵已经孵化了，一群头上长着一对大钳子的小虫子从米粒儿里爬出来。它们先在米粒儿上停了一会儿，好像在等身体结实一点儿，然后就顺着细细的丝线爬到了叶子上，直奔红蜘蛛而去。

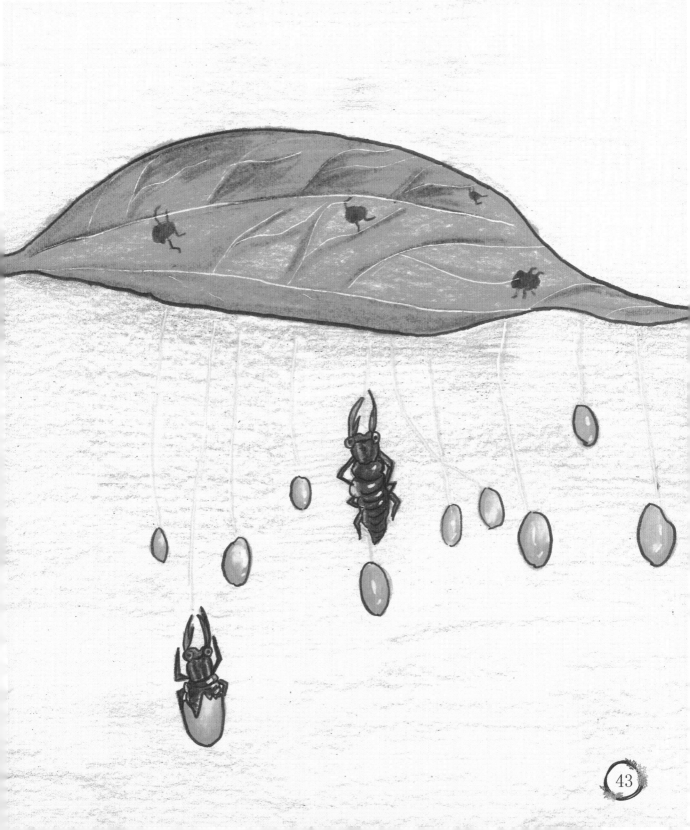

它们爬行的速度很快，挥舞着大钳子冲到红蜘蛛的面前，干净利索地把剩下的红蜘蛛消灭完了。红蜘蛛根本就没有反抗的能力，就成了小虫子们的第一顿美食。

小虫子们休息了一会儿，毫不留恋地爬下叶子寻找新的食物去了。

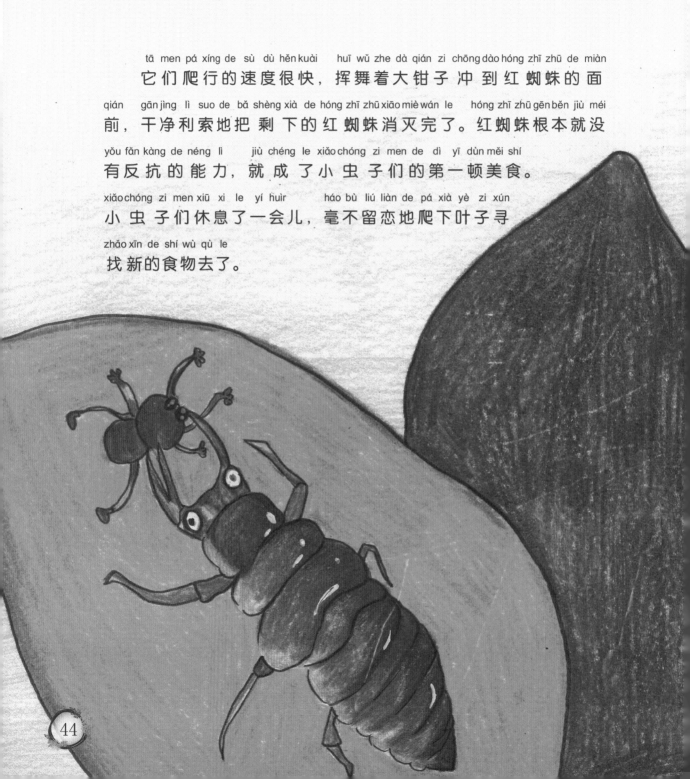

44

这些小虫子很有趣，一边走还一边把草屑、木屑粘在身上，很快就看不清小虫子的样子了。二两油继续介绍："这些孵化出来的小虫子是中华草蛉的幼虫，叫作蚜狮，它们也是红蜘蛛的天敌。它们往身上粘草屑，是一种伪装手段，使自己看起来就像一堆活动的垃圾，所以它们也被称作垃圾虫。"

小朋友们，你们见过蚜狮吗？它为什么又叫垃圾虫呢？快来找找答案吧！

^{xiǎo yì shuō} ^{kūn chóng de shì jiè zhēn shì qiān qí bǎi guài} ^{yá shī zhǎng de gēn zhōng}
小奕说："昆虫的世界真是千奇百怪，蚜狮长得跟中

^{huá cǎo líng yì diǎnr} ^{yě bú xiàng} ^{tā de luǎn nà me piào liang} ^{fū chu lai de chóng zi kě}
华草蛉一点儿也不像，它的卵那么漂亮，孵出来的虫子可

^{bù zěn me hǎo kàn} ^{èr liǎng yóu shuō} ^{zhè jiù shì kūn chóng dú yǒu de biàn tài fā yù}
不怎么好看。"二两油说："这就是昆虫独有的变态发育，

^{xiàng zhōng huá cǎo líng zhè zhǒng luǎn} ^{yòu chóng yǒng chéng chóng yì diǎnr} ^{yě bù yí yàng}
像中华草蛉这种卵、幼虫、蛹、成虫一点儿也不一样

^{de kūn chóng jiào zuò quán biàn tài fā yù kūn chóng} ^{sì ge jiē duàn dōu huì biàn huà chéng bù tóng}
的昆虫叫作全变态发育昆虫，四个阶段都会变化成不同

^{de xíng tài}
的形态。"

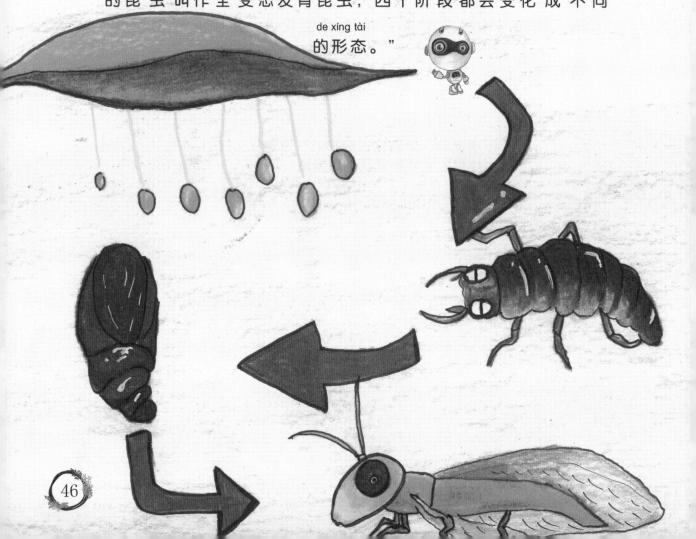

46

解开毛豆之谜

大豆的奇妙世界

xiǎo dòu miáo men màn màn zhǎng dà le　　bù jīng yì jiān tā men dōu jiē chū le yí gè gè

小豆苗们慢慢长大了，不经意间它们都结出了一个个

xiǎo huā bāo　　dàn zǐ sè de huā bāo màn màn zhǎn kāi　　tiān tiān shuō　　dà dòu de huā hái

小花苞。淡紫色的花苞慢慢展开。天天说："大豆的花还

tǐng hǎo kàn de　　bǐ yù mǐ hé shuǐ dào de huā dà duō le　　xiǎo dòu huā zuì wài miàn de dà

挺好看的，比玉米和水稻的花大多了。"小豆花最外面的大

huā bàn xiàng hú dié de　yí piàn chì bǎng zhōng jiān de liǎng ge huā bàn xiàng liǎng zhī xiǎo shǒu

花瓣像蝴蝶的一片翅膀，中间的两个花瓣像两只小手，

zuì lǐ miàn de huā bàn xiàng yí gè xiǎo xiǎo de duì zhé qi lai de táo xīn　　huā ruǐ bèi xiǎo　　táo

最里面的花瓣像一个小小的对折起来的桃心，花蕊被小"桃

xīn　　bǎo hù le qi lai

心"保护了起来。

小朋友们，大豆的花漂亮吗？请你根据自己的想象画一下吧！

49

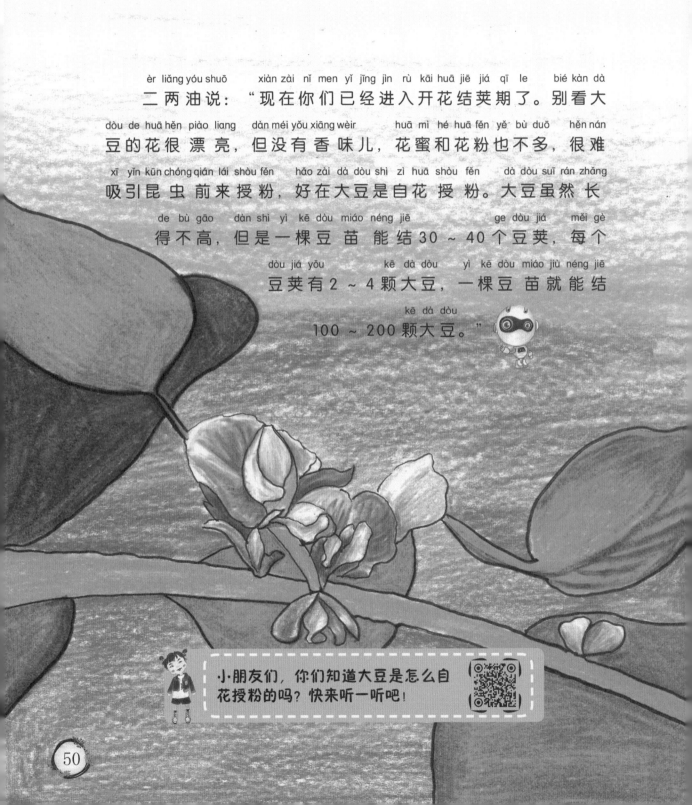

二两油说："现在你们已经进入开花结荚期了。别看大豆的花很漂亮，但没有香味儿，花蜜和花粉也不多，很难吸引昆虫前来授粉，好在大豆是自花授粉。大豆虽然长得不高，但是一棵豆苗能结30～40个豆荚，每个豆荚有2～4颗大豆，一棵豆苗就能结100～200颗大豆。"

小朋友们，你们知道大豆是怎么自花授粉的吗？快来听一听吧！

很快，小小的豆花就枯萎了，在落花的位置长出了嫩绿色的豆荚。豆荚小小的，表面长着一层细细的茸毛。豆荚慢慢长长，但还是有些瘪瘪的，显然豆荚里的小豆子还没发育。渐渐地，豆荚鼓起来，里面的小豆子也长大了。

二两油说："你们现在已经进入鼓豆期，这也是最重要的生长阶段，需要大量的养分。赶快运作你们的氮肥厂吧！"天天说："现在我们终于知道大豆和毛豆的关系了！毛豆就是这个时候摘下来的豆荚，它们真的是一种东西。"

植物"寄生虫"

大豆的奇妙世界

田边，一丛奇怪的植物吸引了蓝豆的注意力。它的表面被金黄色的藤状植物所覆盖，隐隐约约能看出里面有几株豆苗。蓝豆好奇地问："这些豆苗被什么东西缠住了？"二两油说："这是被称为植物'寄生虫'的菟丝子，又叫豆寄生、金丝藤，最爱寄生在豆科植物上。"

"植物'寄生虫'？"天天打了一个冷战，"又是坏东西啊！""对，"二两油解释说，"它虽然是植物，却没有叶，也看不到根，说它不是植物，它却会开花结籽。农民说它'从小像根针，长大缠豆身，吸了别人血，养活自己命'。菟丝子对豆科植物危害很大，轻则使其严重减产，重则使其颗粒无收。"

小奕问："那它怎么生活呢？""你们仔细观察菟丝子的茎，"二两油解释道，"它的茎上长了很多吸盘，而且可以在空中旋转，碰到寄主就缠绕其上，在接触处形成吸根，就像嘴巴一样直接伸进大豆等植物的茎皮中，吸取寄主的养分和水分。它长得很快，可以形成一张大网，铺天盖地地缠绕在受害植株上，靠吸取寄主的营养存活，使受害植株生长不良，甚至全株死亡。所以菟丝子又被称为'催命绞索'。"

"那这种植物'寄生虫'要怎么防治呢？" "好奇宝宝"小奕又有新的问题了。"第一是深耕，菟丝子的种子只要埋于土下3厘米就不能发芽了，"二两油掰着手指数道，"第二就是人工铲除，把寄生的茎剪除，剪除后也不能随意丢弃，它的生命力很强，必须晒干，以防止再次寄生。第三是喷药防治。"

58

zhè shí zhǐ jiàn nóng mín bó bo ná zhe dà jiǎn dāo jiāng tù sī zǐ de jīng jiǎn duàn fàng zài páng
这时只见农民伯伯拿着大剪刀将菟丝子的茎剪断，放在旁

biān liàng shài xiǎo péng yǒu men dōu zài xīn lǐ mò mò de diǎn le diǎn tóu bù yóu de gǎn kǎi dà
边晾晒。小朋友们都在心里默默地点了点头，不由得感慨大

zì rán de qí miào yuán lái jì shēng chóng yě bù dōu shì kūn chóng jìng rán hái yǒu zhí wù jì
自然的奇妙，原来寄生虫也不都是昆虫，竟然还有植物"寄

shēng chóng zhè huí yòu zhǎng zhī shi le
生虫"，这回又长知识了。

落叶与爆炸

大豆的奇妙世界

时间如白驹过隙，转眼间金色铺满了田野。小豆荚们也从绿色变成了黄色，身子变得鼓鼓的，大豆已由结荚期进入了成熟期。正在小豆荚们享受着秋日暖阳的时候，他们身上的叶子竟然扑簌簌地落到了地上。小奕惊恐地问："我们是生病了吗，为什么叶子全都落了？"

二两油说："这是大豆的一种特殊习性，豆荚成熟后叶子就会脱落。大豆还有一种非常有趣的习性，豆荚完全成熟以后会'爆炸'，豆子就像天女散花一样散得到处都是，其实就是植物散播种子的一种方法。所以当摇动豆荚有丁零的响声时就要及时收割，否则等豆荚'爆炸'了，豆子炸得到处都是，就没办法收割了。"

小朋友们，大豆这种会"爆炸"的习性有趣吗？请你根据自己的想象画一下大豆"爆炸"的场景吧！

豆子成熟了，天天、小奕和蓝豆与仿生植物断开了链接。他们看着大豆被收割、脱荚、晒干，变成了熟悉的黄豆。体验结束后，小朋友们都感觉有点儿饿了，忽然闻到饭菜的香味儿，原来是博士爷爷已经为他们准备好了饭菜。

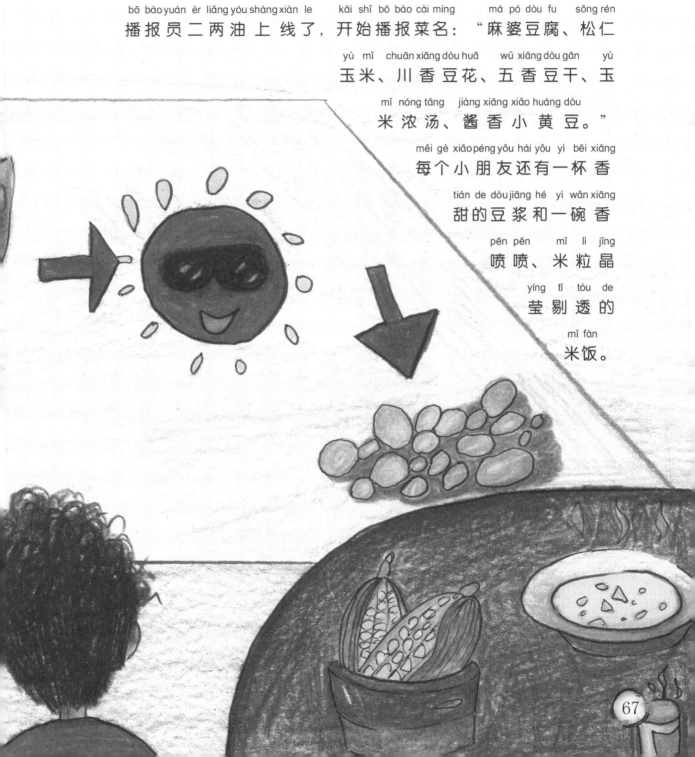

bō bào yuán èr liǎng yóu shàng xiàn le　　kāi shǐ bō bào cài míng　　má pó dòu fu　sōng rén
播报员二两油上线了，开始播报菜名："麻婆豆腐、松仁

yù mǐ　chuān xiāng dòu huā　wǔ xiāng dòu gān　　yù
玉米、川香豆花、五香豆干、玉

mǐ nóng tāng　jiàng xiāng xiǎo huáng dòu
米浓汤、酱香小黄豆。"

měi gè xiǎo péng yǒu hái yǒu yì bēi xiāng
每个小朋友还有一杯香

tián de dòu jiāng hé yì wǎn xiāng
甜的豆浆和一碗香

pēn pēn　mǐ lì jīng
喷喷、米粒晶

yíng tī tòu de
莹剔透的

mǐ fàn
米饭。

67

蓝豆一边夹着豆腐一边说："哇，这桌饭菜都是玉米、大豆、水稻做的吧，原来大豆能做这么多好吃的啊！"

小奕歪着脑袋说："看来我们的世界比我们了解的有趣多了，我们的下一个体验目标是什么呢？让我好好想一想！"

广播剧配音演员表

旁　　　白：葛　雪
二　两　油：郝一冉
小　　　奕：荣　奕
天　　　天：梁克迪
蓝　　　豆：孙诺奇
博士爷爷：薛　力
妈　　　妈：田　婧

语音制作

张　曦